Stillegung kerntechnischer Anlagen

Praxiswissen aktuell

Dieses Buch entstand in Zusammenarbeit
der Technischen Akademie Wuppertal
mit dem Verlag TÜV Rheinland.

Dr. Rudolf Görtz
Dr. Wolfgang Goldammer
Dipl.-Ing. Reinhold Graf
Dr. Leopold Weil

Stillegung kerntechnischer Anlagen

Erfahrungen - Technik - Regelwerk

Technische Akademie Wuppertal
Verlag TÜV Rheinland

Die Deutsche Bibliothek – CIP-Einheitsaufnahme

Stillegung kerntechnischer Anlagen: Erfahrungen – Technik – Regelwerk / Rudolf Görtz ... [In Zusammenarbeit mit der Technischen Akademie Wuppertal]. – Köln: Verl. TÜV Rheinland, 1992
   (Praxiswissen aktuell)
   ISBN 3-8249-0008-4
NE: Görtz, Rudolf

Gedruckt auf chlorfrei gebleichtem Papier.

ISBN 3-8249-0008-4
© by Verlag TÜV Rheinland GmbH, Köln 1992
Gesamtherstellung: Verlag TÜV Rheinland GmbH, Köln
Printed in Germany 1992

Geleitwort

Seit Jahren wird in der Bundesrepublik Deutschland eine zunehmend kontroverse Diskussion um Nutzen, Risiko und Verantwortlichkeit der friedlichen Nutzung der Kernenergie geführt.

Mit der Wiederherstellung der staatlichen Einheit unseres Landes übernahm der Bund die Verantwortung für eine Reihe kerntechnischer Anlagen, deren Weiterbetrieb nach den geltenden sicherheitstechnischen Maßstäben erhebliche Ertüchtigungsmaßnahmen zur Voraussetzung gehabt hätte.

Die Abschaltung der Reaktorblöcke an den Standorten Greifswald und Rheinsberg hat auch eine breitere Öffentlichkeit mit der Frage konfrontiert, ob – und wie – ausgediente kerntechnische Anlagen nach dem Ende ihrer Betriebszeit ohne Schaden für Beschäftigte, Bevölkerung und Umwelt stillgelegt werden können.

Dabei reicht das Spektrum möglicher Maßnahmen vom sicheren Einschluß der radioaktiven Stoffe und Anlagenteile bis zur völligen Demontage und Beseitigung der Gesamtanlage, d. h. bis zum Zustand „grüne Wiese".

Für alle „Stillegungsvarianten" gibt es weltweit Methoden und Erfahrungen, wobei, nicht zuletzt wegen des späten Eintretens der Bundesrepublik Deutschland in den Kreis kernenergienutzender Staaten, ein Großteil dieser Stilllegungserfahrungen im Ausland gewonnen wurde.

Das vorliegende Buch richtet sich an alle jene, die sich – sei es aus beruflichem oder aus persönlichem Interesse – über den derzeitigen Wissensstand auf dem Gebiet der Stillegung kerntechnischer Anlagen informieren wollen. Es gibt einen Überblick auf die für Stillegungen geltenden rechtlichen und technischen Vorschriften, beschreibt den Entwicklungs- und Kenntnisstand bei Stilllegungstechniken und -methoden, schildert Erfahrungen mit Stillegungsprojekten im In- und Ausland, geht auf Menge und Zusammensetzung sowie auf Wege zur Entsorgung stillegungsbedingter radioaktiver Reststoffe und Abfälle ein, behandelt Probleme der Stillegung nach vorangegangenen Stör- und Unfällen und gibt einen Ausblick auf Haftungs- und Risikofragen bei stillgelegten Nuklearanlagen.

Ich wünsche mir und den Autoren, daß dieses Werk seinen Beitrag zu einer Verbreitung des Wissens und damit zu einer Versachlichung der Diskussion über diese nicht unwesentlichen Aspekte der Kernenergienutzung leisten möge.

Prof. Dr. Klaus Töpfer
Bundesminister für Umwelt,
Naturschutz und Reaktorsicherheit

VORWORT

Die Mitglieder der Autorengemeinschaft blicken ausnahmslos auf eine mehrjährige Berufserfahrung auf den Gebieten der kerntechnischen Sicherheit und des Strahlenschutzes zurück. Die Stillegung kerntechnischer Anlagen bildete dabei einen Schwerpunkt, der im Tätigkeitsfeld der Autoren einen breiten Raum einnahm.

Diese Tätigkeiten umfassen sowohl staatliche Aufgaben - L. Weil, Leiter des Fachbereichs "Kerntechnische Sicherheit" des Bundesamtes für Strahlenschutz in Salzgitter, war als Referent im Bundesministerium für Umwelt, Naturschutz und Reaktorsicherheit u.a. zuständig für die Stillegung kerntechnischer Anlagen - als auch - im Falle der Autoren R. Görtz, R. Graf und W. Goldammer - eine Sachverständigentätigkeit bei der Firma Brenk Systemplanung (Aachen) in Form von Studien, Gutachten sowie F- und E-Vorhaben für Industrie und Behörden.

Die Arbeit der Autoren auf dem Gebiet der Stillegung kerntechnischer Anlagen fand in zahlreichen Publikationen ihren Niederschlag. Anläßlich eines von L. Weil und R. Görtz gehaltenen Seminars an der Technischen Akademie Wuppertal im Jahre 1988 kam es zum Kontakt mit dem Verlag TÜV-Rheinland, und es entstand der Plan, die Vielfalt des vorliegenden Materials in einem Buch zusammenzufassen.

Die wichtigste Zielgruppe dieses Buches bilden beruflich auf dem Gebiet der Stillegung Tätige, sei es als Mitarbeiter bei kerntechnischen Anlagen, bei Fachfirmen, bei Behörden oder bei Gutachterorganisationen. Es sollte insbesondere zur Einarbeitung in dieses Gebiet nützlich sein. Der Leser mit Erfahrung auf dem Gebiet der Stillegung wird es in erster Linie außerhalb seines Spezialbereichs als Informations- und Quellensammlung heranziehen.

Die Darstellung des Stoffes wurde so gestaltet, daß auch interessierte und technisch oder naturwissenschaftlich vorgebildete Laien oder Fachjournalisten sich einen Überblick über den Stand von Erfahrung und Technik auf dem Gebiet der

Stillegung kerntechnischer Anlagen verschaffen können. Dabei werden Grundkenntnisse in Kerntechnik und Strahlenschutz vorausgesetzt.

Die Autorengemeinschaft dankt der Firma Brenk Systemplanung (Aachen) für technische Unterstützung bei der Herstellung des Textes. Unser besonderer Dank und unsere Anerkennung gelten Marlies Ramm und Beate Recker für die mit Engagement und Nervenstärke durchgeführten Schreibarbeiten.

Den Firmen Siempelkamp Giesserei GmbH & Co (Krefeld) und NIS Ingenieurgesellschaft mbH (Hanau) wird für zur Verfügung gestellte Photographien gedankt.

Abschließend möchten wir die verständnisvolle Betreuung der Autorengemeinschaft durch Frau Lauter und Herrn Dipl. Ing. Niederheide vom Verlag TÜV Rheinland dankend erwähnen.

Oktober 1991   Die Autoren

INHALTSVERZEICHNIS

Seite

Geleitwort
Vorwort

1.	**EINLEITUNG UND ZIELSETZUNG**	1
1.1	Einleitung	1
1.2	Zielsetzung	3
2.	**KERNTECHNISCHE ANLAGEN - BETRIEB UND ÜBERGANG IN DIE NACHBETRIEBSPHASE**	**4**
2.1	Wichtige Bestimmungen	4
2.1.1	Das Atomgesetz	5
2.1.2	Sonstige Bestimmungen	7
2.2	Die Schnittstelle zwischen Betrieb und Nachbetriebsphase	9
2.3	Stillegungsvarianten	11
2.3.1	Grundvarianten	11
2.3.2	Definition der Stillegungsstufen gemäß IAEO-Terminologie	14
2.3.3	Stillegungsvarianten gemäß NRC-Terminologie	15
2.4	Anlagentypen und ihre stillegungsrelevanten Massen- und Aktivitätsinventare	16
2.4.1	Kerntechnische Anlagen in der Bundesrepublik Deutschland	16
2.4.2	Massen- und Aktivitätsinventar eines stillgelegten Leichtwasserreaktors	19
3.	**STILLEGUNGSTECHNIKEN**	**23**
3.1	Überblick	23
3.2	Zerlegetechniken	24
3.2.1	Allgemeines	24
3.2.2	Lichtbogensäge	27
3.2.3	Plasmaschneiden	32
3.2.4	Lichtbogen-Wasserstrahlschneiden	38
3.2.5	Laserschneiden	42
3.2.6	Abrasivwasserstrahlschneiden	45
3.2.7	Kernlanzenverfahren	49

3.2.8	Pulverschmelzschneiden	50
3.2.9	Elektrochemisches Schneiden	51
3.2.10	Mechanische Schneidverfahren	54
3.2.11	Sprengtechnik	57
3.2.11.1	Bohrlochsprengverfahren	58
3.2.11.2	Schneidladungssprengen	59
3.3	Dekontamination	62
3.3.1	Überblick	62
3.3.2	Elektropolieren	66
3.3.3	Chemische Dekontamination	68
3.3.4	Mechanische Betondekontaminationsverfahren	70
3.3.5	Mikrowellenstrahlung	71
4.	**STILLEGUNGSERFAHRUNGEN UND -KONZEPTE**	**73**
4.1	Gewählte Darstellung und Auswahl der Fallbeispiele	73
4.2	Diskussion der vorliegenden Projekterfahrungen	88
4.3	Ausblick auf die zukünftigen Stillegungsaufgaben	90
5.	**STRAHLENSCHUTZ**	**92**
5.1	Unterschiede zur Betriebsphase	92
5.2	Personalstrahlenschutz	92
5.3	Strahlenexposition in der Umgebung	98
6.	**ABFÄLLE UND RESTSTOFFE BEI DER STILLEGUNG**	**102**
6.1	Bestimmungen	102
6.2	Die wichtigsten Optionen für Verwertung und Beseitigung	104
6.3	Grenzwertfindung	110
6.3.1	Zulässige Strahlenbelastung	110
6.3.2	Stahl- und Eisenschrott aus Kernkraftwerken	111
6.3.3	Nichteisenmetalle aus Kernkraftwerken	117
6.3.4	α-haltiger Metallschrott	122
6.3.5	Konventionelle Beseitigung	124
6.3.6	Internationale Entwicklungen	124
6.3.7	Meßverfahren zur Verifikation von Freigabekriterien ("Freimessung")	126

6.4	Radioaktive Abfälle	129
6.4.1	Rohabfälle	129
6.4.2	Konditionierung	132
6.4.3	Zwischen- und Endlagersituation	138
6.5	Separierung der anfallenden Massen in die Bereiche Verwertung, konventionelle Beseitigung und radioaktive Abfälle	140
6.5.1	Einflußfaktoren	140
6.5.2	Erfahrungs- und Planungswerte	141
6.5.3	Prognose des Aufkommens an Stillegungsabfällen	145
7.	**DAS MIT DER STILLEGUNG KERNTECHNISCHER ANLAGEN VERBUNDENE RISIKO**	**147**
7.1	Die Änderung des Risikos beim Übergang in die Nachbetriebsphase	147
7.2	Mögliche Störfälle	149
7.3	Behandlung von Störfällen im Genehmigungsverfahren	151
7.4	Kriterien für die Beendigung der Anwendung des Haftungssystems des Pariser Übereinkommens auf stillgelegte Anlagen	152
8.	**STILLEGUNG NACH STÖRFÄLLEN**	**157**
8.1	Allgemeines	157
8.2	Das Begriffspaar Störfall-Unfall	158
8.3	Vorliegende Erfahrungen	158
8.3.1	Überblick	158
8.3.2	Stillegungserfahrung im Lucens-Reaktor	159
8.3.3	Stillegungserfahrungen im TMI-2	164
8.3.4	Andere Stillegungserfahrungen	170
8.4	Zusammenfassung	174
9.	**DISKUSSION WICHTIGER EINZELASPEKTE**	**178**
9.1	Optimale Stillegungsvariante	178
9.2	Bewertung von Stillegungsvarianten des Typs ENTOMB	179
9.3	Auslegung kerntechnischer Anlagen zur Erleichterung der Stillegung	181
9.4	Bewertung des bestehenden Regelwerks im Hinblick auf die Stillegung	182

10.	**ZUSAMMENFASSUNG UND AUSBLICK**	185
11.	**LITERATURVERZEICHNIS**	190

1. EINLEITUNG UND ZIELSETZUNG

1.1 Einleitung

Im Dezember 1938 entdeckten Otto Hahn und Fritz Straßmann im Kaiser-Wilhelm-Institut in Berlin die Spaltung des Urans und eröffneten damit den Zugriff auf eine Energiequelle großer Ergiebigkeit, deren Nutzung die Menschheit aber auch vor eine Vielzahl von Problemen stellen sollte. In den seither vergangenen fünf Jahrzehnten hat die Entwicklung kerntechnischer Anlagen zu einem hohen Maß an technischer Reife geführt - dies gilt für Kernkraftwerke ebenso wie für die verschiedenen Anlagen des nuklearen Brennstoffkreislaufs. Die gesellschaftliche Bewertung ist demgegenüber in vollem Gange; die Meinungen zur Nutzung der Kernenergie haben sich in einigen Ländern - die Bundesrepublik Deutschland gehört zweifellos dazu - stark polarisiert. Der teilweise kontrovers und emotional geführten öffentlichen Diskussion steht ein seit vielen Jahren ständig steigender Beitrag der Kernenergie zur Stromversorgung der Welt gegenüber.

Alle Beteiligten werden aber, welchen Standpunkt sie in der Kernenergiediskussion auch vertreten, dahingehend übereinstimmen, daß die Stillegung der Anlagen nach ihrer endgültigen Abschaltung sicher und wirtschaftlich durchzuführen ist.

Im übrigen ist mit Nachdruck darauf hinzuweisen, daß sich die Fachleute aus vielen Bereichen bereits lange vor der aktuellen "Ausstiegsdiskussion" mit der Frage der Stillegung kerntechnischer Anlagen auseinandergesetzt und tragfähige Problemlösungen erarbeitet haben.

Wie andere industrielle Einrichtungen werden auch kerntechnische Anlagen für eine endliche Betriebszeit geplant und ausgelegt. Für Kernkraftwerke besteht dabei ein wichtiger lebensdauerbegrenzender Mechanismus darin, daß durch "Neutronenbeschuß" eine Versprödung des Reaktordruckbehälters eintritt. Die aus der Kenntnis dieses Prozesses abgeleiteten Lebensdauerschätzungen liegen bei ca. 40 Jahren. Dabei besteht durchaus die Möglichkeit, daß sich derartige Schätzungen als sehr vorsichtig herausstellen und ein Weiterbetrieb bestimmter Anlagen auch über diesen Zeitraum hinaus ohne Sicherheitseinbußen durchführbar ist. Es bestehen zudem vielfältige Möglichkeiten der Nachrüstung oder lebensdauerverlängernder betrieblicher Maßnahmen (z.B. Senkung des Neutronenflusses im Bereich des Druckgefäßes), die in diese Richtung wirken können.

Umgekehrt zeigt die Erfahrung, daß vielfach Anlagen lange vor dem Erreichen ihrer technischen Lebensdauer endgültig abgeschaltet wurden. Dies betrifft insbesondere Prototyp- oder Demonstrationsanlagen, die entweder ihren Zweck erfüllt hatten oder bei denen die Notwendigkeit kostenintensiver Nachrüstmaßnahmen zum Stillegungsbeschluß des Betreibers führten.

Für den Planer einer kerntechnischen Anlage ist das Erfordernis der späteren Stillegung selbstverständlich und bereits bei der Auslegung zu berücksichtigen. Dem steht entgegen, daß in der Planungsphase der Erfahrungsstand mit der Stillegung naturgemäß begrenzt ist und diese somit nur in ihren erkennbaren Grundzügen berücksichtigt werden kann.

Die Stillegung einer kerntechnischen Anlage kann bildlich als "Schlußstein" ihrer Betriebsphase betrachtet werden. Dieses Bild ist insofern zutreffend, als die Stillegung grundsätzlich den gleichen Rechtsvorschriften und Sicherheitsmaßstäben unterliegt wie der Betrieb. Da jedoch die Anlage oder Anlagenteile im Zuge der Stillegung häufig demontiert und beseitigt werden, eignet sich das eingangs benutzte Bild aus dem Bereich der Errichtung von Bauwerken nur eingeschränkt. Es soll dennoch am Anfang dieser Schrift stehen, denn die Autoren wollen insbesondere das Prinzip der Kontinuität in den sicherheitstechnischen Grundsätzen beim Übergang von der Betriebs- in die Nachbetriebsphase aufzeigen.

1.2 Zielsetzung

Die gegenwärtige Situation läßt sich so charakterisieren, daß der weitaus größere Teil der Stillegungsaufgaben noch vor uns liegt und voraussichtlich sogar erst in einigen Jahrzehnten ansteht. Andererseits haben jedoch die Erfahrungen und Erkenntnisse im Hinblick auf die Durchführung von Stillegungen bereits einen Umfang angenommen, der zur Zusammenstellung und Bewertung im Hinblick auf die zukünftigen Aufgaben herausfordert.

Die übergeordnete Zielsetzung des vorliegenden Buches liegt darin, einen Beitrag zu diesem Prozeß zu leisten. Dabei werden im einzelnen folgende Schwerpunkte gesetzt:

- Zusammenstellung und Beurteilung der radiologischen Konsequenzen der Stillegung für die Umgebung und das Stillegungspersonal.

- Identifizierung von Ansatzpunkten für die Ausgestaltung stillegungsspezifischer Sicherheitsanforderungen.

- Aufkommen von Abfällen und Reststoffen.

- Stand und Entwicklung auf dem Gebiet der Stillegungstechniken.

2. KERNTECHNISCHE ANLAGEN - BETRIEB UND ÜBERGANG IN DIE NACHBETRIEBSPHASE

2.1 Wichtige Bestimmungen

Auf Errichtung und Betrieb kerntechnischer Anlagen findet eine "Hierarchie" von Bestimmungen Anwendung (Abbildung 2.1), an deren Spitze das "Gesetz über die friedliche Verwendung der Kernenergie und den Schutz gegen ihre Gefahren" (Atomgesetz, AtG) steht [ATG 85]. Es soll hier in der gebotenen Kürze darauf eingegangen werden, welche der Bestimmungen dieser "Hierarchie" für die Belange der Nachbetriebsphase von besonderer Bedeutung sind. Dies geschieht ohne Anspruch auf Vollständigkeit, da diese den Rahmen der vorliegenden Schrift sprengen würde.

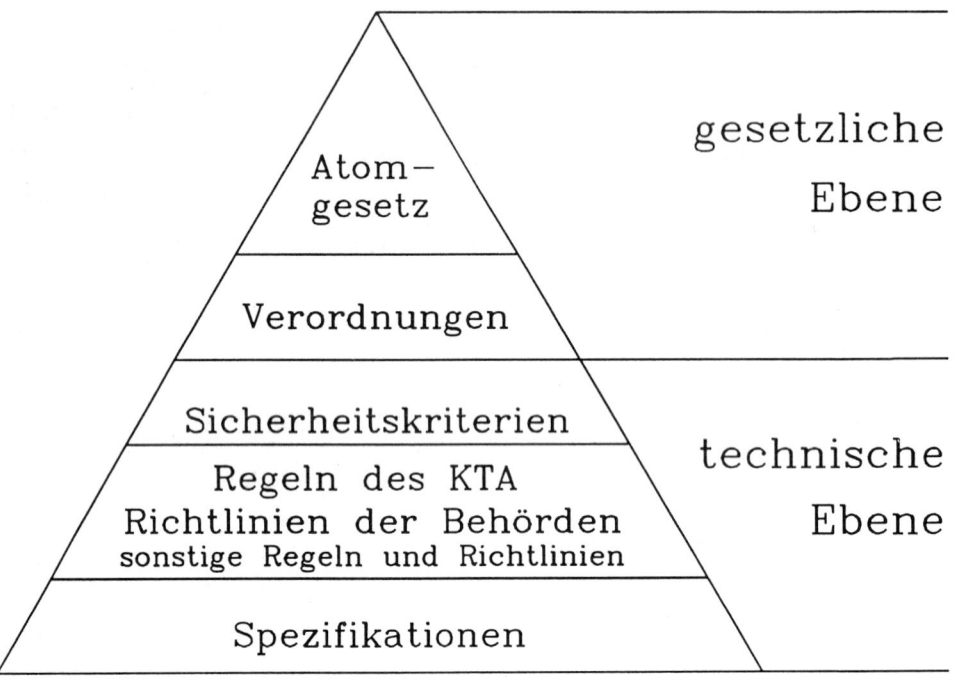

KTA: Kerntechnischer Ausschuß

Abbildung 2.1: Hierarchie der Vorschriften (nach [FRA 81])

Eine vertiefte Diskussion dieser Thematik ist in einer kürzlich erschienenen Arbeit von Junker [JUN 90] enthalten, in welcher ausführlich auf wichtige rechtliche Aspekte der Nachbetriebsphase eingegangen wird und auf die im folgenden häufig Bezug genommen wird.

2.1.1 Das Atomgesetz

Zentrale Rechtsvorschrift für alle Aspekte der friedlichen Nutzung der Kernenergie in der Bundesrepublik Deutschland ist das Atomgesetz (AtG) [ATG 85]. Hier wird in § 7 Abs. 3 für die Stillegung einer Anlage sowie für den Sicheren Einschluß der endgültig stillgelegten Anlage oder den Abbau der Anlage oder von Anlagenteilen das Erfordernis einer Genehmigung festgelegt:

> "Die Stillegung einer Anlage nach Absatz 1 sowie der sichere Einschluß der endgültig stillgelegten Anlage oder der Abbau der Anlage oder von Anlagenteilen bedürfen der Genehmigung. Absatz 2 gilt sinngemäß. Eine Genehmigung nach Satz 1 ist nicht erforderlich, soweit die geplanten Maßnahmen bereits Gegenstand einer Genehmigung nach Absatz 1 oder Anordnung nach § 19 Abs. 3 gewesen sind."

Der Gesetzgeber unterscheidet also zwischen den drei genannten Genehmigungstatbeständen, die nach [JUN 90] folgendermaßen gegeneinander abzugrenzen sind:

1. Unter der Stillegung einer kerntechnischen Anlage i.S.d. § 7 III AtG ist die Phase zwischen einer dauerhaften Betriebseinstellung und dem Sicheren Einschluß bzw. dem Abbau der Anlage zu verstehen.

2. Der Sichere Einschluß einer kerntechnischen Anlage ist die Phase der langfristigen gefahrlosen Verwahrung der nach einer Stillegung in der

Anlage noch vorhandenen aktiven Materialien an dem ursprünglichen Standort.

3. Der Abbau einer Anlage oder von Anlagenteilen ist die Phase der gänzlichen bzw. teilweisen Demontage von Systemen und Gebäudestrukturen einer stillgelegten Anlage.

Es sei betont, daß die Bezeichnung "Gesicherter Einschluß" anstelle des im Atomgesetz verwendeten Terminus "Sicherer Einschluß" vermieden werden sollte.

Im technischen Sprachgebrauch hat sich der Begriff "Stillegung" als Synonym für die gesamte Nachbetriebsphase eingebürgert. Damit entspricht er dem englischen Terminus "decommissioning", welcher ebenfalls den Charakter eines Oberbegriffs erlangt hat. Bei der Abfassung rechtlich relevanter Texte ist der aufgezeigte unterschiedliche Gebrauch des Terminus "Stillegung" zu beachten.

Nachfolgend wird in der Regel wie im technischen Sprachgebrauch üblich verfahren. So ist auch im Titel dieses Buches mit "Stillegung" die gesamte Nachbetriebsphase gemeint. Wo im folgenden auf die rechtliche Bedeutung abgehoben wird, ist von Stillegung i.e.S. (im eigentlichen Sinne) die Rede.

Zwei andere Paragraphen des Atomgesetzes sind für die Entsorgung im Zusammenhang mit der Stillegung von besonderer Bedeutung. § 9a Abs. 1 gibt der schadlosen Verwertung von Reststoffen bzw. aus- oder abgebauten Anlagenteilen Priorität vor der geordneten Beseitigung als radioaktiver Abfall. Davon sind in der Praxis große Massen von Metallen und Baureststoffen betroffen, die bei der Stillegung anfallen. § 2 Abs. 2 ist von Bedeutung für die konventionelle Beseitigung radioaktiver Abfälle, die von so geringfügiger Aktivität sind, daß sie wie gewöhnliche Abfälle beseitigt werden können.

2.1.2   Sonstige Bestimmungen

Einige wichtige Bestimmungen, die im atomrechtlichen Genehmigungsverfahren von erheblicher praktischer Bedeutung sind, werden in Tabelle 2.1 zusammengefaßt.

AtG	§ 7 Abs. 3	GENEHMIGUNGSERFORDERNIS FÜR DIE STILLEGUNG
	§ 9a Abs. 1	SCHADLOSE VERWERTUNG
	§ 2 Abs. 2	KONVENTIONELLE BESEITIGUNG
StrlSchV	§ 28 (1), (3)	MINIMIERUNGSGEBOT, STÖRFALLPLANUNGSWERTE
	§ 49	DOSISGRENZWERTE PERSONAL
	§ 45	UMGEBUNGSBELASTUNG
AtVfV	§ 4 (5)	ÖFFENTLICHKEITSBETEILIGUNG
AtDeckV	§ 12	DECKUNGSSUMMEN
Sonstige		ABFALLKONTROLLRICHTLINIE
		RICHTLINIE FÜR DEN STRAHLENSCHUTZ DES PERSONALS
		SSK-EMPFEHLUNG ZUR SCHADLOSEN VERWERTUNG
		VORLÄUFIGE ANNAHMEBEDINGUNGEN KONRAD
		ALLGEMEINE VERWALTUNGSVORSCHRIFT ZU § 45 StrlSchV
		SICHERHEITSKRITERIEN LÄNDERAUSSCHUSS FÜR ATOMKERNENERGIE
		KRITERIEN PÜ - ENTLASSUNG

Tabelle 2.1:   Wichtige stillegungsrelevante Bestimmungen

Unterhalb der Gesetzesebene beinhalten Verordnungen eine Reihe wichtiger Vorgaben für die Stillegung; an erster Stelle sei die Strahlenschutzverordnung (StrlSchV) [SSV 89] genannt. Von grundlegender Bedeutung ist das Minimierungsgebot des § 28 (1), welches fordert, auch unterhalb bestehender Grenzwerte Strahlenexpositionen so niedrig wie möglich zu halten. Dies gilt für die Stillegung ebenso wie für die Betriebsphase. § 28 Abs. 3 enthält Vorgaben für Störfallplanungswerte. In diesem Zusammenhang sei hervorgehoben, daß die Frage, welche Störfälle bei der Stillegung zu berücksichtigen sind und wie diese rechnerisch zu beschreiben sind, derzeit noch als weitgehend offen anzusehen ist. § 49 enthält die Dosisgrenzwerte für das Personal. Die zulässige Strahlenexposition in der Umgebung einer Anlage wird durch § 45 der StrlSchV geregelt und begrenzt die Ableitung radioaktiver Stoffe aus kerntechnischen Anlagen mit Luft und Wasser.

§ 4 Abs. 5 der Atomrechtlichen Verfahrensverordnung (AtVfV) [ATV 82] besagt, daß bei der Beantragung des Sicheren Einschlusses einer Anlage von einer Öffentlichkeitsbeteiligung im Sinne von Bekanntmachung und Auslegung der Unterlagen abgesehen werden kann. Es ist aber bisher Praxis, im Falle von substantiellen Eingriffen in die Anlage durch Demontage oder Dekontamination die Öffentlichkeit im Verfahren zu beteiligen.

Eine spezifische Vorschrift für die Stillegung stellt § 12 der Atomrechtlichen Deckungsverordnung [ADV 77] dar. Dort findet sich eine tabellarische Vorschrift, die die Festlegung von Deckungssummen als Funktion des in der Anlage verbleibenden Aktivitätsinventars gestattet.

Eine Reihe von Richtlinien, die eigentlich für die Betriebsphase verfaßt wurden, sind für die Stillegung sinngemäß anzuwenden. Als Beispiel sei die Richtlinie für den Strahlenschutz des Personals [SPR 78] genannt. Neueren Datums ist die Abfallkontrollrichtlinie [AKR 89], deren Zweck in erster Linie die lückenlose Verfolgung und Kontrolle der Abfall- und Reststoffflüsse innerhalb des kerntechnischen Bereichs ist. Da sich im Falle der Stillegung erhebliche Materialströme ergeben, ist die Anwendung der Abfallkontrollrichtlinie für die Stillegung von besonderer Bedeutung.

Auf die Empfehlung der Strahlenschutzkommission (SSK) zur schadlosen Verwertung [BMU 88], die wegen der erheblichen Mengen anfallender Reststoffe bzw. aus- oder abgebauter Anlagenteile bei der Stillegung von großer Wichtigkeit ist, wird später noch eingegangen. Für die Konditionierung der Stillegungsabfälle sind die vorläufigen Annahmebedingungen für das geplante Bundesendlager Konrad [BRE 90] wichtige Planungsrandbedingungen. Die Allgemeine Verwaltungsvorschrift zu § 45 StrlSchV [AVV 90] stellt eine wichtige Berechnungsgrundlage dar, die der Umsetzung der Vorgaben des § 45 StrlSchV dient.

Abschließend sei betont, daß die spätere Stillegung bereits während der Planungsphase kerntechnischer Anlagen zu berücksichtigen ist. Dies wird in den Leitlinien für Druckwasserreaktoren der Reaktorsicherheitskommission (RSK) (3. Ausgabe vom 14. Oktober 1981, Nr. 16) ebenso gefordert wie im Kriterium 2.10 der Sicherheitskriterien für Kernkraftwerke, die am 12. Oktober 1977 vom Länderausschuß für Atomkernenergie verabschiedet wurden. Hier wird verlangt, daß Kernkraftwerke so beschaffen sein müssen, daß sie unter Einhaltung der Strahlenschutzbedingungen stillgelegt werden können und daß ein Konzept für die Beseitigung der Anlage nach endgültiger Stillegung vorliegen muß.

2.2 Die Schnittstelle zwischen Betrieb und Nachbetriebsphase

In Kapitel 2.1 wurde festgestellt, daß die Nachbetriebsphase mit der Stillegung im eigentlichen Sinne beginnt. Bereits im Rahmen der Betriebsgenehmigung sind bestimmte Maßnahmen zulässig und z.T. sogar Bestandteil der Betriebsroutine, die im Hinblick auf die Nachbetriebsphase zweckmäßig oder gar erforderlich sind. Damit stellt sich die Frage nach der Schnittstelle zwischen Betrieb und Stillegung.

Es liegt nahe, daß im Hinblick auf die Stillegung noch im Rahmen der Betriebsgenehmigung Maßnahmen durchgeführt werden, die durch diese Genehmigung abgedeckt sind und die mehr oder weniger Bestandteil der betrieblichen Routine sind. Dazu gehören in der Regel:

-   Ausladen und Entsorgung der Brennelemente.

-   Entsorgung bestimmter Abfälle aus der Betriebsphase.

-   Spülen von Kreisläufen.

-   Aufnahme des Istzustandes der Anlage.

Der Phase der Stillegung i.e.S. bleiben dann weitere Entsorgungsmaßnahmen vorbehalten, die typische Betriebsabfälle betreffen, die nicht routinemäßig entsorgt werden wie etwa Filter oder aktive Medien. Hinzu kommen Vorbereitungsmaßnahmen auf den Sicheren Einschluß oder die Beseitigung (s. Kapitel 2.3.1).

Diese im Einzelfall zu konkretisierende Schnittstellenfestlegung wird im folgenden als Normalfall angesehen.

Es sei jedoch darauf hingewiesen, daß sich in der Praxis durchaus davon stark abweichende Fälle ergeben. Im Vorgriff auf Kapitel 4 sei als Beispiel der Fall des AVR (Heliumgekühlter Kugelhaufenreaktor der Arbeitsgemeinschaft Versuchsreaktor mbH, Standort Jülich) erwähnt. Da die vollständige Entleerung des Reaktorkerns nicht zur betrieblichen Routine gehört und auch von der Betriebsgenehmigung nicht abgedeckt ist, ist diese Entsorgungsmaßnahme hier im Rahmen der Stillegung durchzuführen.

Aus rechtlicher Sicht wird nach Junker [JUN 90] eine Stillegungsgenehmigung erforderlich, sobald in einem abgeschalteten Kernkraftwerk über Reparatur-,

Wartungs- und Entladearbeiten hinausgehende Maßnahmen durchgeführt werden, spätestens aber nach Ablauf der üblichen Abklingzeit der Brennelemente.

2.3 Stillegungsvarianten

2.3.1 Grundvarianten

Die zuvor erläuterten grundlegenden Genehmigungstatbestände Stillegung i.e.S., Sicherer Einschluß und Beseitigung bilden die Elemente für die Gestaltung der Nachbetriebsphase, an deren Ende schließlich die Entlassung des Standorts - eventuell noch mit ursprünglich zur Anlage gehörenden Gebäuden - aus der atomrechtlichen Aufsicht bzw. der Strahlenschutzüberwachung stehen muß. Grundmuster für die konkrete Ausgestaltung dieses Programms werden im folgenden als Stillegungsvarianten bezeichnet.

In der Literatur wird die Bezeichnung "Stillegungsvariante" auch direkt für die angesprochenen Gestaltungselemente (Beseitigung, Einschluß) gebraucht. Diese Terminologie erscheint zu eng, da sie impliziert, daß die gesamte Nachbetriebsphase aus mehreren Stillegungsvarianten besteht.

Die bisherige Praxis hat die grundlegende Bedeutung einiger Stillegungsvarianten ergeben, die auch in den Konzeptfindungen für die in Zukunft anstehenden Stillegungen eine zentrale Rolle spielen. Diese sollen im folgenden erläutert werden.

Die geradlinigste Variante für die Nachbetriebsphase besteht in der sofortigen Beseitigung der Anlage im Anschluß an die Stillegung i.e.S. Die Bezeichnung "sofortige Beseitigung" erscheint geeigneter als "der Abbau von Anlagenteilen", wie sie im Atomgesetz angewendet wird. Beseitigung bedeutet in diesem Zusammenhang die Beseitigung aller Aktivität oberhalb von radiologisch relevanten Werten. Dieses Ziel wird in der Regel sowohl durch Abbau und durch Dekontaminationsmaßnahmen erreicht. Der Abschluß der Nachbetriebsphase (d.h. der Stillegung) verlangt nicht zwingend den Abriß aller Gebäude und die Rekultivierung oder - in medienwirksamer Terminologie - die "grüne Wiese". Es besteht durchaus die Möglichkeit, Gebäude oder Gebäudeteile nach Freigabe anderweitig wiederzuverwenden.

Es kann aus einer Reihe von Gründen vorteilhafter sein, die Anlage vor der Beseitigung zunächst in den Sicheren Einschluß zu überführen. Die Beseitigung erfolgt dann nach einer Wartezeit im Sicheren Einschluß. Eine sinnvolle Bezeichnung für diese Variante ist "Verzögerte Beseitigung nach Sicherem Einschluß".

Für die Beseitigung nach einer Wartezeit im Sicheren Einschluß ergeben sich gegenüber der sofortigen Beseitigung folgende Bewertungsgesichtspunkte:

Vorteile:

- Verringerung der Radioaktivität durch Zerfall (Bei Anlagen des Brennstoffkreislaufs wegen der Langlebigkeit der Aktivität kaum relevant, selbst bei Reaktoren ergeben sich nur begrenzte Dosiseinsparungen und Reduktionen der Abfallmengen);

- zeitliche Verlagerung einer größeren Investition;

- zu erwartender Fortschritt bei der Stillegungstechnik.

Nachteile:

- Risiken, insbesondere durch äußere Einwirkungen auf die Anlage, während der (u.U. langjährigen) Einschlußphase;

- anlagenkundiges Personal ist in der Regel nicht mehr vorhanden;

- Genehmigungs- und Aufsichtsbehörde sowie Gutachter müssen sich neu in die speziellen Gegebenheiten der Anlage einarbeiten; dadurch kann das Genehmigungsverfahren und die begleitende Aufsicht verzögert und erschwert werden;

- eher negative Wirkung auf die Öffentlichkeit ("Strahlende Ruinen");

- nach dem Abbau vieler Hilfskomponenten (Lüftung, Schleusen, elektr. Anlage, Entsorgungsanlagen) bei der Herbeiführung des Sicheren Einschlusses muß zur totalen Beseitigung wieder eine Aufrüstung der Anlage erfolgen (Beispiel: KKN);

- möglicherweise erschwerte Beseitigung und Dekontamination durch Korrosion, Rost oder andere Schäden.

Neben den beiden genannten Grundvarianten bestehen für die Realisierung von Stillegungsprojekten erhebliche Spielräume, die in der Praxis auch aufgrund der jeweiligen Erfordernisse des Einzelfalls ausgeschöpft werden. Nach Vollradt [VOL 90] dominieren in diesem Sinne bei der Stillegung kerntechnischer Anlagen "maßgeschneiderte" Lösungen. Dies wird bei der Erörterung der Stillegungserfahrungen im Kapitel 4 deutlich werden.

Es sei vorweggenommen, daß sich u.a. Unterschiede in folgenden Bereichen ergeben:

- Umfang von Abbau und Dekontamination <u>vor</u> dem Sicheren Einschluß.

- Einschlußzeit.

- Demontage- und Dekontaminationstechnik.

- Überwachung.

- Abfälle und Reststoffe.

- Ertüchtigungsmaßnahmen im Hinblick auf die Beseitigung.

2.3.2 Definition der Stillegungsstufen gemäß IAEO-Terminologie

Die Internationale Atomenergieorganisation (IAEO) hat sich im zurückliegenden Jahrzehnt verstärkt der Stillegung kerntechnischer Anlagen zugewandt. In einer grundlegenden Publikation [IAE 83], die alle wichtigen Aspekte der Stillegung betrifft, werden drei Stillegungsstufen (stages) definiert, die im folgenden kurz charakterisiert werden.

Die Stufen 1 und 2 stellen Formen des Sicheren Einschlusses dar. Stufe 1 wird ohne substantiellen Eingriff in die Struktur der Anlage herbeigeführt, d.h., es finden keine nennenswerten Abbaumaßnahmen und baulichen Einschlußmaßnahmen statt. Die Anlage wird überwacht und regelmäßig zu Inspektionszwecken begangen.

Stufe 2 könnte man in deutscher Terminologie als "baulich verstärkten Resteinschluß" bezeichnen. Die in der Anlage verbleibenden radioaktiven Stoffe werden in einem Teilbereich, dessen Begrenzung durch Baumaßnahmen verstärkt wird, eingeschlossen. Gegenüber Stufe 1 sind die Erfordernisse der Überwachung erheblich reduziert. Regelmäßige Begehungen können entfallen.

Stufe 3 schließlich bezeichnet die Anlage nach Entfernung aller radioaktiven Stoffe oberhalb radiologisch relevanter Werte. Dies bedeutet nicht zwingend den Zustand "grüne Wiese", Gebäude können nach Freigabe einer anderweitigen Verwendung zugeführt werden.

Die Klassifizierung nach den IAEO-Stufen hat in der Literatur eine gewisse Verbreitung erfahren. Dennoch sind aus Sicht der Autoren einige kritische Bemerkungen angebracht.

Zunächst ist hervorzuheben, daß die Definition nur die statischen Phasen des Stillegungsprozesses erfaßt. Die aus sicherheitstechnischer Sicht bedeutsameren Phasen des Übergangs vom Betrieb zu einer dieser Stufen bzw. von einer dieser Stufen zu einer anderen werden in der Terminologie nicht direkt berücksichtigt.

Weiterhin hat die Erfahrung gezeigt, daß die Abgrenzung zwischen den Stufen 1 und 2 nicht ausreichend klar ist.

Es erscheint in diesem Bereich eine Erweiterung und Präzisierung der Terminologie geboten.

2.3.3 Stillegungsvarianten gemäß NRC-Terminologie

Die United States Nuclear Regulatory Commission (USNRC), die oberste atomrechtliche Genehmigungs- und Aufsichtsbehörde der Vereinigten Staaten, hat bereits seit den 70er Jahren eine Vielzahl abgestimmter Untersuchungen zur Stillegung kerntechnischer Anlagen in Auftrag gegeben, welche die fachlichen Grundlagen für die Stillegungspolitik der USNRC bilden. Als Beispiel seien die Studien für die Stillegung von Druck- und Siedewasserreaktoren zitiert [SMI 78] [OAK 80]. Nach Überzeugung der Autoren hat von den in diesen Pionierarbeiten gewonnenen Erkenntnissen die "Nuclear Community" weltweit in außerordentlichem Maß profitiert.

Ebenso wie in der IAEA-Terminologie vermeidet die USNRC neuerdings Bezeichnungen wie mothballing, protective storage usw., um Fehlinterpretationen dieser Begriffe zu vermeiden. Statt dessen verwendet man folgende Akronyme:

DECON   Sofortige Beseitigung aller radioaktiven Stoffe, so daß die uneingeschränkte Freigabe des Standorts zulässig ist.

SAFSTOR   Überführung der Anlage in einen Zustand hinreichend geringen Risikos und Aufrechterhaltung der Anlage in diesem Zustand während der Einschlußzeit. Im Anschluß an die Einschlußzeit ist durch Maßnahmen des Abbaus und der Dekontamination, unterstützt durch den radioaktiven Zerfall, die uneingeschränkte Freigabe des Standorts zu ermöglichen.

ENTOMB   Die verbleibenden radioaktiven Stoffe werden durch verstärkte und dauerhafte zusätzliche Barrieren (z.B. Beton) eingeschlossen. Diese Barrieren behalten ihre Rückhaltewirkung, bis die Radioaktivität auf unbedenkliche Werte abgeklungen ist.

2.4 Anlagentypen und ihre stillegungsrelevanten Massen- und Aktivitätsinventare

2.4.1 Kerntechnische Anlagen in der Bundesrepublik Deutschland

In der Bundesrepublik Deutschland befanden sich im Bereich der "alten Bundesländer"* 1990 22 Kernkraftwerke in Betrieb (Tabelle 2.2). Dazu gehören 14 Kernkraftwerke mit Druckwasserreaktor, 7 Kernkraftwerke mit Siedewasserreaktor, in einem Falle handelt es sich um eine schnelle natriumgekühlte Brutreaktoranlage. Die mittlere Betriebszeit dieser Kernkraftwerke beträgt 10 Jahre, die Anlage mit der längsten Betriebsgeschichte (Kernkraftwerk Obrigheim, KWO) befindet sich seit 22 Jahren in Betrieb. Die Auslegungsbetriebszeit der Anlagen liegt ca. bei 30 - 40 Jahren. Daraus wird deutlich, daß Stillegungsfragen in den kommenden Jahrzehnten immer größere Bedeutung haben werden.

---

*   Gemeint ist das Gebiet der Bundesrepublik Deutschland mit Ausnahme des in Art. 3 des Einigungsvertrags genannten Gebietes.

DWR	14
SWR	7
SNR	1
Betriebsdauer	: 10 Jahre (Mittelwert)
	22 Jahre (Maximum)
Auslegungsbetriebszeit : 30 - 40 Jahre	

Tabelle 2.2: Kernkraftwerke in Betrieb ("alte Bundesländer", Stand 1990)

Im gleichen Maße wie für die Kernkraftwerke gilt dies für die übrigen Anlagen des Kernbrennstoffkreislaufs (Brennelementfabriken, Anreicherungsanlagen, Zwischenlager, Konditionierungsanlagen, Wiederaufarbeitungsanlagen).

Der Prozeß der Stillegung kerntechnischer Anlagen hat aber in erster Linie durch die Außerbetriebnahme von Prototyp- und Demonstrationsanlagen bereits eingesetzt. Auf die vorliegenden Stillegungserfahrungen wird später noch einzugehen sein (Kapitel 4).

Tabelle 2.3 bietet eine Übersicht über endgültig abgeschaltete Kernkraftwerke in der Bundesrepublik Deutschland.

Typ und Bruttoleistung	Nukleare Inbetriebnahme (1.Kritikalität)	Status
Hochtemperatur-Reaktor 15 MW_e AVR	26.08.1966	im Genehmigungs-verfahren für SE
Siedewasser-Reaktor 16 MW_e VAK	13.11.1960	Demontage nicht-aktiver Systeme abgeschlossen
Druckwasser-Reaktor 58 MW_e MZFR	29.09.1965	2. TG Stillegung 1990 erteilt
Siedewasser-Reaktor 250 MW_e KWL	14.08.1966	SE 1989 erreicht
Siedewasser-Reaktor 268 MW_e KRB-A	31.01.1968	Maschinenhaus dekontaminiert, Demontage kont. Systeme im RB begonnen
Heißdampf-Reaktor 25 MW_e HDR	14.10.1969	umgewandelt in eine Forschungs-einrichtung
Druckröhren-Reaktor 106 MW_e KKN	17.12.1972	Totalbeseitigung läuft, abge-schlossen vor 1993
Hochtemperatur-Reaktor 308 MW_e THTR	13.09.1983	Antragsunterla-gen SE in Bear-beitung

SE : Sicherer Einschluß
TG : Teilgenehmigung
RB : Reaktorgebäude

<u>Tabelle 2.3:</u>   Kernkraftwerke in der Bundesrepublik Deutschland, Status: stillgelegt ("alte" Bundesländer), Stand 1991

Durch die deutsche Einigung ist die Zahl der stillgelegten kerntechnischen Anlagen in der Bundesrepublik angewachsen. Diese zusätzlichen Anlagen - in erster Linie Kernkraftwerke sowjetischer Bauart - wurden kurz nach Abschluß des Einigungsvertrags endgültig außer Betrieb gesetzt, da sie wichtigen Sicherheitsanforderungen nicht entsprachen. Die Konzepte für die Stillegung dieser Anlagen werden derzeit erarbeitet; es erscheint daher nicht sinnvoll, hier auf diese noch zu definierenden Projekte näher einzugehen.

Eine kurze Betrachtung der Beseitigung eines Druckwasserreaktors vom Typ WWER-440 findet sich in [GÖR 91]. Dabei werden einige bauartbedingte Besonderheiten im Vergleich zum DWR deutscher Bauart festgestellt, es überwiegen jedoch die aus Sicht der Stillegung erkennbaren Übereinstimmungen.

Von erheblicher wirtschaftlicher und umweltpolitischer Bedeutung sind die Sanierungs- und Stillegungsmaßnahmen im Bereich des Uranerzbergbaus in den Bundesländern Thüringen und Sachsen. Wichtige Aspekte sind die Freigabe kontaminierter Flächen und die schadlose Verwertung von kontaminiertem Metallschrott (siehe Kapitel 6).

2.4.2 Massen- und Aktivitätsinventar eines stillgelegten Leichtwasserreaktors

In Kapitel 2.2 wurde die Schnittstelle zwischen Betrieb und Stillegung diskutiert, insbesondere wurde herausgestellt, welche Entsorgungsmaßnahmen noch in der Betriebsphase durchgeführt werden können. Diese Maßnahmen führen zu einer erheblichen Verringerung des Aktivitätsinventars. Am Beispiel eines Kernkraftwerks mit Druckwasserreaktor soll dies demonstriert werden. Zugleich soll ein erster quantitativer Eindruck der Problematik "Stillegung" gegeben werden.

Tabelle 2.4 enthält die wichtigsten Beiträge zum Aktivitätsinventar eines Druckwasserreaktors in der Betriebsphase. Wie in Kapitel 2.2 ausgeführt, wird davon ausgegangen, daß nach der endgültigen Abschaltung noch im Rahmen der Betriebsgenehmigung die Brennelemente (letzter Kern, Inhalt des Brennelement-Lagerbeckens, ggf. Transportbehälter) und Betriebsabfälle (Arbeitshilfsmittel, Filter, Ausbauteile, feste und flüssige Reststoffe) entsorgt werden. Es verbleiben danach zu Beginn der Stillegung in der Anlage als Träger des Aktivitätsinventars die aktivierten kernnahen Komponenten (Reaktordruckbehälter, -einbauten, Biologischer Schild) und kontaminierte Komponenten sowie Gebäudeoberflächen.

Es ist also zunächst eine drastische Reduktion des Gefährdungspotentials gegenüber der Betriebsphase festzustellen. Aspekte des Risikos werden später in Kapitel 7 eingehend diskutiert.

Im folgenden Kapitel wird auf die zur Verfügung stehenden Techniken zur Bewältigung der Stillegungsaufgaben - in erster Linie Demontage, Dekontamination und Abfallbehandlung - eingegangen.

Daran schließt sich eine Darstellung des Umfangs der national und international akkumulierten Stillegungserfahrungen an (Kapitel 4).

Zwar ist das Aktivitätsinventar gegenüber der Betriebsphase erheblich reduziert, es ist absolut gesehen jedoch immer noch so hoch, daß dem Strahlenschutz eine erhebliche Bedeutung zukommt (Kapitel 5).

Der Kontrollbereich eines 1300 MWe-DWR hat eine Gesamtmasse von ca. 150 000 Mg, in erster Linie Beton der Gebäudestrukturen sowie Bewehrungsstahl. Die Masse der Komponenten beträgt ca. 15 000 Mg, wovon ca. 90 % aus Stahl bestehen. Es ist für jedes Stillegungsprojekt von entscheidender Bedeutung, wie diese große Gesamtmasse auf verwertbare oder konventionell zu beseitigende Anteile auf der einen Seite und radioaktive Abfälle auf der anderen Seite aufzuteilen ist (Kapitel 6).

ORT	GESAMTAKTIVITÄT (in Bq)		
	Brennstoff	Spaltgas-sammelraum	insgesamt
Reaktorkern[a]	$2,3 \cdot 10^{20}$	$3,7 \cdot 10^{18}$	$2,4 \cdot 10^{20}$
BE-Lagerbecken (max.)[b]	$4,8 \cdot 10^{19}$	$7,8 \cdot 10^{17}$	$4,8 \cdot 10^{19}$
BE-Lagerbecken (mittel)[c]	$1,2 \cdot 10^{19}$	$2,0 \cdot 10^{17}$	$1,2 \cdot 10^{19}$
Transport-behälter[d]	$6,3 \cdot 10^{17}$	$1,0 \cdot 10^{16}$	$6,3 \cdot 10^{17}$
Abgas-System			$5,6 \cdot 10^{14}$
Abwasser-System[e]			$4,4 \cdot 10^{13}$
Ionenaus-tauscher[f]			$5,6 \cdot 10^{14}$
Sonstige Komponenten im Hilfsanlagen-gebäude[g]			$4,4 \cdot 10^{13}$
Aktivierte metal-lische Komponen-ten			$3,7 \cdot 10^{17}$
Aktivierter Beton (mit Bewehrung)			$3,7 \cdot 10^{11}$
Kontaminiertes Inventar			$1,1 \cdot 10^{14}$

Tabelle 2.4: Aktivitätsinventar eines 1300 MWe-DWR (nach [WAT 82], [WEI 84], [GRS 79])

a) Angaben für einen Zeitpunkt etwa 1/2 Stunde nach Abschaltung nach einem mittleren Abbrand von 10 000/19 600/33 500 MWd/t (3-Regionen-Kern).

b) Inventar von 2/3 Kernladungen, davon die Hälfte nach 3 Tagen, die Hälfte nach 180 Tagen Abklingzeit.

c) Inventar von 1/2 Kernladung; davon 1/3 mit 180 Tagen, 2/3 mit 50 Tagen Abklingzeit.

d) Entspricht 10 Brennelementen nach 180 Tagen Abklingzeit.

e) Enthält: Konzentratbehälter (30 Tage Abklingzeit), Verdampfer für Abwasser, Abwassersammelbehälter.

f) Bei einer Reinigungsrate des Hauptkühlmittels von 10 % pro Stunde und einer Standzeit von etwa einem halben Jahr.

g) Enthält: Filter (Harzfänger), Harzabfallbehälter, Borsäurebehälter, Volumenausgleichsbehälter, Kühlmittelspeicher, Verdampfer für Kühlmittel, Abschlämmentsalzung.

Tabelle 2.4:   Fortsetzung

3. STILLEGUNGSTECHNIKEN

3.1 Überblick

Aus dem Bereich der Stillegungstechniken werden in diesem Kapitel Zerlege- und Dekontaminationstechniken behandelt; Techniken und Verfahren zur Konditionierung, zur Bestimmung des Aktivitätsinventares oder zur fernbedienten Handhabung können hier nur gestreift werden. Grundsätzlich wird keine Vollständigkeit angestrebt, es werden vielmehr für den erreichten Leistungsstand repräsentative Techniken herausgegriffen. Damit wird die Vielfalt der durchgeführten Entwicklungen deutlich.

Eine erste Gesamtübersicht über Stillegungstechniken entsprechend dem Wissens- und Erfahrungsstand von 1979 bietet das "Decommissioning Handbook" [MAN 80]. Dieses geht auch auf Techniken aus der konventionellen Industrie ein und beschreibt ihre Adaption auf den kerntechnischen Bereich. Die Teilbereiche der Dekontamination und der Zerlegetechniken sind von der National Energy Agency (NEA) kurze Zeit später zusammenfassend bewertet worden [NEA 81a,b]. Weitere Studien sind im Literaturverzeichnis aufgeführt ([BAT 81], [OST 80], [CEC 84]).

Ungeachtet aller Neuentwicklungen der letzten Jahre wurde und wird der größte Teil der Stillegungsarbeiten mit "konventionellen" Techniken durchgeführt. Insbesondere im Hinblick auf den Strahlenschutz stellten sich aber Verbesserungen bzw. Neuentwicklungen als notwendig heraus. Dabei standen die folgenden Gesichtspunkte im Vordergrund:

- Möglichkeit der Fernbedienung, um die Strahlenexposition zu minimieren. (Als kontraproduktiv können sich dabei allerdings die notwendigen Einrichtungs- und Justierarbeiten erweisen.)

- Verringerung des Inhalationsrisikos durch aktive und passive Maßnahmen. Zu den aktiven Maßnahmen können Absaugung, Arbeiten im Zerlegezelt und Arbeiten unter Wasser gezählt werden, zu den passiven Maßnahmen gehört insbesondere die Verwendung von Verfahren mit geringer Aerosolentwicklung.

Zur ersten Orientierung lassen sich Zerlege- und Dekontaminationsverfahren unterscheiden. Zum Teil können diese Verfahren nur auf metallische Strukturen und Materialien angewendet werden, zum Teil nur auf Beton. Nach der Wirkungsweise unterscheidet man mechanische, thermische und chemische Verfahren. Tabelle 3.1 gibt einen Überblick über den Anwendungsbereich und die Wirkungsweise wichtiger Grundverfahren.

Die Frage, welche Technik für eine gegebene Stillegungsaufgabe die optimale Lösung darstellt, läßt sich nur ausgehend von den Gegebenheiten des Einzelfalles entscheiden. Da für jede Einzelaufgabe eine Reihe von Lösungsmöglichkeiten zur Verfügung steht, kann diese Vielfalt zur Auswahl der jeweils optimalen Lösung genutzt werden.

Abbildung 3.1 charakterisiert die Anwendungsgebiete der Stillegungstechniken und weist auf den für den Strahlenschutz neben der äußeren Bestrahlung wichtigen Bereich des Schutzes vor Inhalationsbelastung infolge der Aerosolbildung hin.

3.2 Zerlegetechniken

3.2.1 Allgemeines

Als Anwendungsbereiche der zur Verfügung stehenden Zerlegetechniken können die Demontage kontaminierter Systeme und Komponenten, aktivierter Stahlkomponenten und aktivierten Betons unterschieden werden. Tabelle 3.2 faßt in sehr kompakter Form die wesentlichen Vor- und Nachteile einzelner Verfahren zusammen und charakterisiert den jeweiligen Einsatzbereich. In Tabelle 3.3 wurde eine Matrixdarstellung von verfügbaren Techniken zur Lösung einzelner

TECHNIKEN/GERÄTE	METALL	BETON	MECH.	THERM.	CHEM.	VARIANTEN BZW. ÄHNLICHE VERFAHREN
Autogenbrenner	Z			Z		
Bürsten	D	D	D		D	Wischen, Coatings
Dekontpaste	D	D			D	Säureschaum
Elektrochem. Schneiden	Z				Z	
Elektrodenschneiden	Z			Z		
Elektropolieren	D				D	
Flammstrahlen		D		D		
Hydraulisches Brechen		Z	Z			
Hydraulikramme		Z	Z			
Laserschneiden	Z			Z		Schmelz-, Brennschneiden
Mechanisches Schneiden, Lichtbogensäge etc.	Z Z	Z	Z	Z		Stich-, Bügel-, Kreis-Rohrsäge, Rohrfräse, Kernbohrer, Schere, Lichtbog.-Wasserstrahl
Mikrowellen		D		D		
Plasmaschneiden	Z			Z		
Preßlufthammer		Z	Z			
Pulverschmelzschneiden	Z			Z		Pulverbrennschneiden
Salzschmelze	D				D	
Sauerstofflanze		Z		Z		
Schleifen	D		D			Schaben
Sprengen	Z	Z			Z	Bohrloch, Schneidladung
Spritzen, Sprühen	D	D	D		D	Dampf Heißwasserstrahlen, Wasserlanze
Strahlen	D	D	D			Glas-, Korund, Sand-, Stahlgrießstrahlen
Therm. Spalten	Z			Z		
Ultraschallbad	D		D		D	
Umwälzen (chem. Beizen)						MOPAC - Verfahren OZOX-A - Verfahren LOMI - Verfahren
Wasserstrahlschneiden	Z	Z	Z			Wasserstrahlschneiden mit Abrasivzusatz

Z   : Zerkleinerung oder Demontage
D   : Dekontamination
Mech. : Mechanisch
Therm.: Thermisch
Chem. : Chemisch

Tabelle 3.1:   Auswahl von Grundverfahren der Zerlegung und Dekontamination sowie ihre Anwendung und Wirkungsweise im Rahmen der Stillegung kerntechnischer Anlagen (nach [GÖR 87])

Aktivitäts-inventar einer stillgelegten DWR-Anlage	*aktiviert* RDB* u. seine Einbauten Teile des Biologischen Schildes	*kontaminiert* Primärkühlkreislauf Hilfsanlagen Lüftungssystem Gebäudeoberflächen
Stillegungs-ablauf und -technik	*Dekontamination* chemisch-elektro-chemisch mechanisch, thermisch	*Demontage* sprengtechnisch
Beschreibung der Techniken hinsichtlich der Aerosolbildung	Unter - Wasser - Einsatz In - Luft - Einsatz Umluftanlage, Abluftfilter vor Ort, Umwälzanlage	

* RDB : Reaktordruckbehälter

<u>Abbildung 3.1:</u> Charakterisierung der Anwendungsgebiete von Stillegungstechniken

Stillegungsaufgaben gewählt, die i.w. auf Stillegungserfahrungen bzw. Planungen zur Stillegung beruht (vgl. Kapitel 4). Es werden vor allem einige neuere Entwicklungen berücksichtigt, die dem verschiedentlich diskutierten Optimierungsbedarf (vgl. [GÖR 91]) Rechnung tragen, der vor allem in folgenden Bereichen besteht:

- Zerlegung dickwandiger aktivierter Metallstrukturen,

- Kontrolle der bei der Zerlegung entstehenden Stäube, Schlacken und Späne,

- Bestimmung der Aktivitätsverteilung und -zusammensetzung,

- Minimierung von Sekundärabfällen, Volumenreduktion für die radioaktiven Abfälle,

- Fernbedienung, Anwendungstechnik,

- Prozeßbeobachtung und -kontrolle.

3.2.2 Lichtbogensäge

Das Wirkungsprinzip der Lichtbogensäge beruht auf der Erzeugung eines Lichtbogens zwischen einem rotierenden metallischen Blatt und einem elektrisch leitenden Werkstück (Abbildung 3.2), wobei letzteres durch die Wirkung des Lichtbogens aufgeschmolzen wird.

Durch die Rotation der Scheibe wird ihre thermisch beaufschlagte Stirnfläche während der Zeit bis zum Wiedereintritt in die Trennfuge abgekühlt. Dadurch wird der Abtrag der Scheibe erheblich reduziert. Die Drehbewegung der Scheibe bewirkt darüber hinaus, daß der aufgeschmolzene Grundwerkstoff aus der Trennfuge herausgeschleudert wird.

TECHNIKEN GERÄTE	VORTEIL	NACHTEIL	EINSATZBEREICH
Abbruchbirne	sehr einfaches Verfahren	geringe Tiefenwirkung	Mauerwerk, dünnwandige Gebäudestrukturen, Zerkleinerung größerer Betonteile
Autogenbrenner	einfaches, handliches Verfahren, sehr leistungsfähig (St < 200 cm) unter Wasser einsetzbar	nicht für austenitische Stähle, Gas, Staub u. Aerosolentwicklung, heißes Fugenmaterial, hohe Energie des Fugenmaterials, Aufheizung des Werkstückes, rauhe Fuge	für allgemeine Zerkleinerungsaufgaben von nichtaustenitischen Behältern, Rohren und Stahlteilen, Betonarmierungen
Bristar-Mischung	geräuschlos, vibrationsfrei, keine Staubentwicklung	aufwendige Vorarbeiten durch Bohren der Löcher	massiver nichtarmierter Beton
Elektrochemisches Schneiden	keine Staubentwicklung, geringe Prozeßkräfte, wenig Sekundärwaste	langsames Verfahren, aufwendiges Aufbereitungsverfahren des Elektrolyts	plattierte Stahlkomponenten
Elektrodenschneiden	einfaches, handliches Verfahren, auch unter Wasser, auch für Austenit (< 12 cm)	begrenzte Wandstärke, Gas-, Staub- und Aerosolentwicklung, hohe Energie des Fugenmaterials, grobe Schnittfuge	dünnwandige Teile, Rohrleitungen
Hydraulisches Brechen	kaltes Verfahren, geringe Staubentwicklung, Armierungen werden zerrissen	langsames Verfahren, Bohrungen erforderlich, hoher manueller Anteil	Abspalten von schwachaktivem Beton
Hydraulikramme	hohe Abtragsrate, gut fernbedienbar	großer Platzbedarf, Staubentwicklung	leichtarmierter Beton bis 60 cm Dicke
Laserschneiden	komplexe Strukturen mit hoher Schnittgeschwindigkeit, schmale Trennfuge	geringe Schnittiefe	dünne Bleche, Rohre mit geringen Wandstärken, Isolierung
Lichtbogensäge	Anwendung in Luft und unter Wasser, hohe Schnittgeschwindigkeit	hohe Investitionskosten, geringe Betriebserfahrung	Zerteilen komplex aufgebauter Großkomponenten

Tabelle 3.2: Zusammenfassung und Gegenüberstellung von stillegungsrelevanten Zerlegetechniken [GÖR 87]

TECHNIKEN GERÄTE	VORTEIL	NACHTEIL	EINSATZBEREICH
Mechanisches Schneiden	kaltes Verfahren, sehr gute Konditionierung der Abfälle, fernsteuerbar	für totale Zerspanung sehr aufwendig, nur für einfache Geometrien	totales Zerspanen des RDB, Abstechen von Rohrleitungen, Sägen von Beton, Bohren von Löchern
Nibbeln	mechanisches Verfahren mit geringen Abfallmengen	nur dünne Bleche	Gestellkonstruktionen aus rostfreiem und Baustahl
Plasmaschneiden	sauberer Schnitt, für Austenit und Verbundwerkstoffe, gut fernbedienbar	Entwicklung von Nitrosegasen, Staub und Aerosolen, teuer	für dünne austenitische Bleche (< 100 m)
Preßlufthammer	robustes, einfaches Verfahren, universell einsetzbar, keine Spanbildung bei Metall	nur für kleine Materialquerschnitte, arbeitsintensiv, laut, Staubbildung	für kleine Verbindungselemente und Punktschweissungen, dünne Betonwände, Mauerwerk, Estrich, Putz
Pulverschmelzschneiden	für alle Materialien, Metall < 200 cm, Beton < 100 cm gut fernbedienbar	hohe Gas-, Staub- und Aerosolentwicklung, heißes Fugenmaterial, Aufheizung des Werkstückes	Anwendung bei Beton und Austenit
Sauerstofflanze	für Beton bis 250 cm Dicke	nur Bohrungen, hohe Gas-, Staub- und Aerosolentwicklung, heißes Fugenmaterial	Stechen von Ansatzlöchern und Durchbrüchen
Scheren	einfaches Verfahren, gut automatisierbar	begrenzter Materialquerschnitt	dünne Bleche und Rohre bis NW 80
Sprengen	sehr effektiv, fernbedient	Staubentwicklung, Erschütterungen, Bohrungen nötig	große Betonstrukturen zum Abtragen und Lockern
Thermisches Spalten	wenig Abfall, Unterwasseranwendung	Unterstützung durch äußere Kräfte	Zerlegung hochaktivierter Einbauten
Wasserstrahlschneiden	schmale Schnittfuge, Trennen von Beton und Armierung in einem Schnitt	geringe Schnittleistung, geringe Düsenstandszeiten, hohe Aufbereitungskosten	Zerlegung von hochaktiviertem Beton

Tabelle 3.2:   Fortsetzung

Stillegungs-aufgabe	ZERLEGETECHNIK														
	Lichtbogensägen		Plasmabrennern		Plasmasäge		Laserschneiden		Sprengen		Abrasivwasserstrahlschneiden		Sägen, Bohren, Schleifen		Lichtbogenwasserstrahlschneiden	
	S	E	S	E	S	E	S	E	S	E	S	E	S	E	S	E
Zerlegen aktivierter Einbauten	e	m	v	w	t	u	t	m	e	m	t	m	e	w	t	m
Zerlegen des Reaktordruckbehälters	t	m	t	m*	t	m	-	-	t	u	e	m	t	u	t	m
Zerlegen kontaminierten Stahls	t	u	t	u	t	u	t	m	v	w	t	m	v	w	t	m
Zerlegen aktivierten Betons	-	-	-	-	-	-	-	-	v	w	e	w	e	m	-	-

S : Entwicklungsstand

E : Einsatzwahrscheinlichkeit

e : Ersteinsatz
t : erprobt im Labor- oder Technikumsmaßstab
v : bereits vielfach eingesetzt
u : eher unwahrscheinlich
m : möglich
w : wahrscheinlich

* : Kombibrenner (Autogen/Plasma)

Tabelle 3.3: Entwicklungsstand von Zerlegetechniken und deren Einsatzwahrscheinlichkeit in zukünftigen Stillegungsprojekten (vgl. [GÖR 91])

Die Lichtbogenlänge ist im allgemeinen relativ kurz und liegt üblicherweise in der Größenordnung von 0,1 mm; der eigentliche Trennvorgang läuft praktisch berührungslos ab [OSA 82]. Wegen der geringen Lichtbogenlänge werden allerdings hohe Anforderungen an die Positioniergenauigkeit gestellt, bei Unterwassereinsatz ergeben sich daraus entsprechende Anforderungen an die Reinigung des Wassers von Aerosolen und Schwebstoffen (Sichtbehinderung).

Im Rahmen des Stillegungsprojekts JPDR (vgl. Kapitel 4) wurden Tests an einem Modell des RDB in Originalgröße durchgeführt. Der RDB (Dicke: 80 mm) soll in etwa rechteckige Blöcke von etwa 1 m^2 Oberfläche einseitig zerlegt werden. Die Zerlegung des Modells erfolgte unter Wasser; die Rotationsfrequenz des Sägeblatts lag im Bereich von 360 - 400 min^{-1}, die Schneidgeschwindigkeit variierte zwischen 0,5 und 4 mm/s. Als nachteilig und bremsend auf die Schnittleistung wirkte sich das Einklemmen des Sägeblatts durch Schneidprodukte aus. Auf die Angaben in Tabelle 3.6 [NEW 82] zu Schneidversuchen an Rohrleitungen sei hier hingewiesen.

Trotz der beschriebenen Nachteile, zu denen auch das vergleichsweise hohe Gewicht der Trenneinheit und die hohen Kosten zu rechnen sind, scheint eine Weiterentwicklung wegen der möglichen großen Schneiddicken (bis 1/3 des Sägeblattdurchmessers), der hohen Schneidgeschwindigkeiten und der Möglichkeiten, auch geometrisch komplizierte Strukturen zu zerlegen, erfolgversprechend.

Über eine andere Entwicklungsrichtung, nämlich die Zerlegung von Dampferzeugerrohren und anderen dünnwandigen Rohren kleinen Durchmessers von innen, berichtet beispielsweise Thome [THO 90]. Dieses Vorgehen "Schneiden von innen" hat den Vorteil, daß entstehende Aerosole leichter abgesaugt werden können, wobei die trennende Rohrleitung als Abluftkanal verwendet wird (s. Abbildung 3.3).

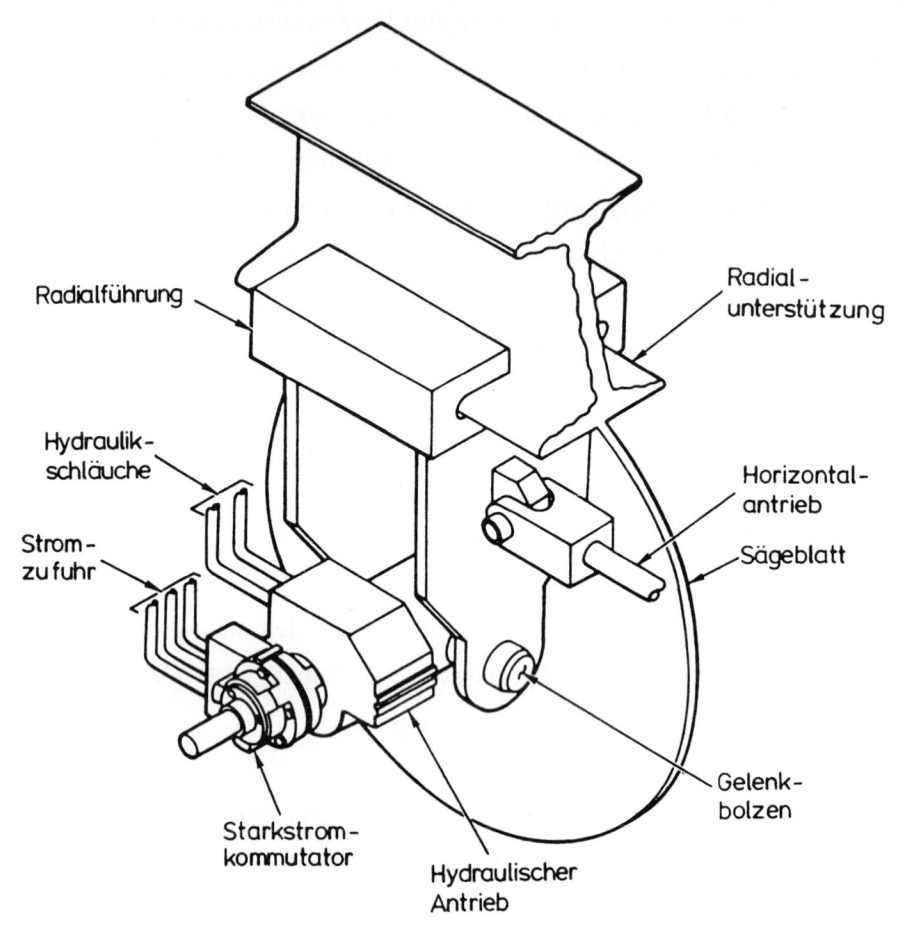

Abbildung 3.2: Trenneinheit einer Lichtbogensäge (nach [MAN 80])

3.2.3 Plasmaschneiden

Als Plasma wird ein völlig oder weitgehend ionisiertes Gas bezeichnet. Beim Plasmaschneiden wird in einem Lichtbogen ein Gas (z.B. Sauerstoff) dissoziiert und ionisiert. Auf dem Werkstück, auf das der Gasstrom trifft, rekombinieren die Ladungsträger (Ionen) und setzen Energie frei. Da in dem Gasstrom Temperaturen um etwa 8000 °C erreicht werden, wird das Material des Werkstückes geschmolzen. Der Lichtbogen muß dabei auf das Werkstück übertragen werden

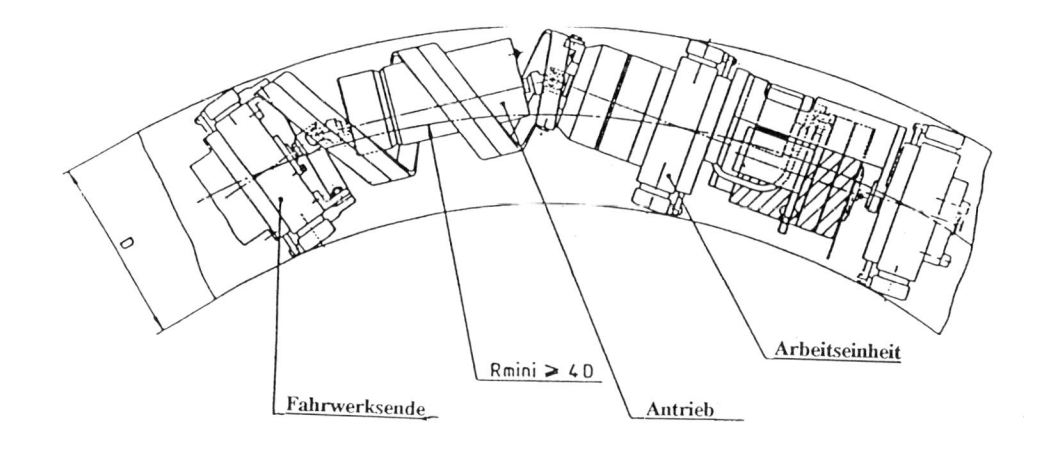

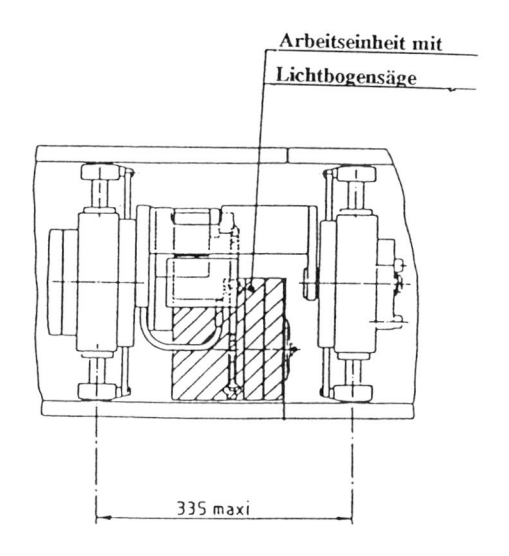

Abbildung 3.3: Lichtbogensäge zum fernbedienten Schneiden von Rohrleitungen von innen nach außen (nach [THO 90])

("übertragener Lichtbogen"); daher ist das Verfahren auf elektrisch leitende Werkstoffe eingeschränkt. Durch die kinetische Energie des Gasstroms wird das aufgeschmolzene Material aus der Fuge herausgetrieben. Abbildung 3.4 zeigt schematisch das Plasmaschneiden, ein bei Schneidversuchen eingesetzter Plasmaschneidkopf ist ebenfalls abgebildet.

Vorteile sind die hohen Schneidgeschwindigkeiten (vgl. Tabelle 3.4), die vergleichsweise geringe Fugenbreite, die gute Eignung zum fernbedienten Einsatz, die hohe Lebensdauer der Elektroden und der Düsen, die nicht in Kontakt mit dem Werkstück stehen sowie die wegen der geringen Fugenbreite vergleichsweise geringen Mengen an Sekundärabfällen.

Der Einsatz des Verfahrens ist auch unter Wasser möglich, Versuche zeigten allerdings, daß mit zunehmender Wassertiefe die Schnittgeschwindigkeit erheblich abnimmt (vgl. Tabelle 3.4). Plasmaschneiden wurde beispielsweise bei der Entleerung des Reaktordruckbehälters (RDB) in TMI-2[*] bei einer Wasserüberdeckung von etwa 10 m unter schwierigen Bedingungen eingesetzt. Die starke Aerosolbildung führte allerdings zu einer erheblichen Einschränkung der Beobachtbarkeit des Schneidvorgangs. Durch die massive Struktur (Einbauteile des RDB mit wiederverfestigten Brennelementbestandteilen) wurde ein zügiges Abfließen bzw. Austragen des verflüssigten Fugenmaterials behindert.

Wasserüberlagerung [m]	Materialdicke [mm]				
	40	50	60	70	80
2	35	27	20	15	12
10	15	14	12	7	5

Tabelle 3-4: Erreichbare Schneidgeschwindigkeit [cm/min] beim Plasmaschneiden in Abhängigkeit von der Überlagerung mit Wasser und der Dicke des zu schneidenden Werkstoffs (nach [BAC 90])

* TMI-2:
Three Mile Island, Block 2 in Harrisburg (USA). Bei einem Unfall mit teilweiser Kernschmelze wurden im März 1979 erhebliche Teile der Reaktordruckbehältereinbauten aufgeschmolzen, bei abnehmenden Temperaturen verfestigten sie sich in unteren Bereichen des RDB (vgl. Kapitel 8)

Vorteile ergeben sich mit zunehmender Wasserüberdeckung jedoch bezüglich des Inhalationsschutzes. Nach Waldie et al [WAL 90] kann die Aerosolmenge von 0,025 % der Fugenmasse bei einer Wasserüberdeckung von 0,08 m auf 0,004 % bei etwa 10 m verringert werden. Weitere Vorteile ergeben sich aus der abschirmenden Wirkung des überlagernden Wassers.

Die grundsätzlichen Vorteile dieses Verfahrens führten zu einer Reihe von Weiterentwicklungen bzw. Kombinationen mit anderen Verfahren. Dazu gehören die Entwicklung der Plasmasäge und die Entwicklung von Kombinationsschneidverfahren Autogenbrenner/ Plasmabrenner.

Mit der Plasmasäge, bei der auf einer Scheibe mehrere Plasmabrenner angeordnet sind, wurde das Ziel verfolgt, Plasmabrenner zu entwickeln, deren Breite kleiner ist als die der Fuge, um so größere Schnittiefen zu erreichen. Dieses Ziel wird erreicht, indem die Richtung des Plasmastrahls von einem Brenner zum anderen um etwa 30° (bei 12 Brennern auf der Scheibe) geändert wird. So können Fugenbreiten von etwa 14 mm mit Scheiben von 10 mm Dicke geschnitten werden. Gegenüber dem Plasmabrenner konnte die in Versuchen erreichte maximale Schneiddicke von etwa 100 mm auf 300 mm gesteigert werden. Im Gegensatz zur Lichtbogensäge ist die Rotationsfrequenz des Sägeblatts mit 3 min^{-1} sehr gering. Das Entwicklungspotential im Hinblick auf zu schneidende Materialdicken kann als hoch betrachtet werden.

Die Fugenbreite hängt u.a. von der Baugröße der Brenner ab. Begrenzend auf die Entwicklung kleiner Brenner wirkt sich der Platzbedarf für die Brennerkühlung aus. Ein Vergleich des Plasmaschneidens mit dem Lichtbogen-Wasserstrahlschneiden wird im folgenden Kapitel zitiert.

Geplant ist die Kombination des Plasmaschneidens und des Autogenbrennschneidens, um Materialkombinationen aus ferritischem Grundmaterial und austenitischen Plattierungen mit einer Schneideinrichtung zerlegen zu können. Hierfür wurde ein Kombinationsschneidverfahren entwickelt, bei dem beide Brenner gemeinsam auf einer Vorrichtung montiert sind (Abbildung 3.5). Der

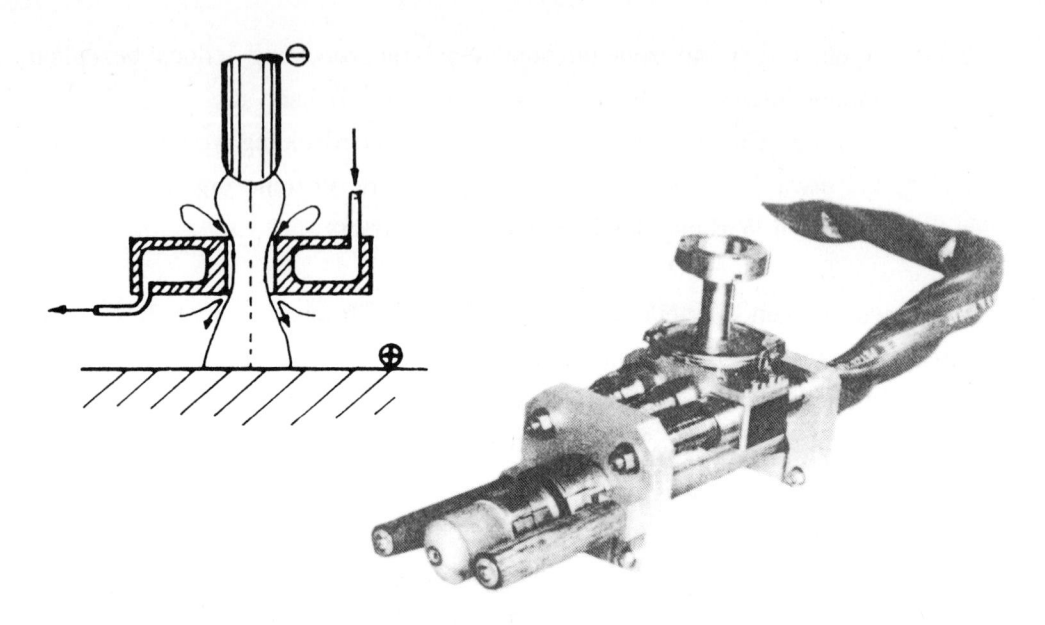

Abbildung 3.4: Schematische Darstellung des Plasmaschneidens mit übertragenem Lichtbogen [BAC 90] und ein in Versuchen verwendeter Plasmaschneidkopf

vorlaufende schräggestellte Plasmabrenner hat die Aufgabe, die Plattierung aufzutrennen, während der nachfolgende Autogenbrenner das ferritische Grundmaterial durchtrennt. Durch den Plasmastrahl entsteht in der Plattierungsschicht eine Fuge von etwa 9 mm Breite. Der nachfolgende Autogenbrenner weitet die Fuge bis auf ca. 12 mm auf. Im Grundmaterial werden entsprechend der zu trennenden Wanddicke im Durchschnitt Schnittbreiten von ca. 12 - 20 mm erzeugt. Die entstehende Schmelze und die Schlacke werden durch die kinetische Energie der Gase aus der Fuge ausgetrieben.

Eine Erweiterung der herkömmlichen Plasmaschneidverfahren stellt das sog. Thermische Spalten (Intergranulare Versprödung) dar. Zwischen einer Wolframelektrode und einem leitenden Werkstück wird ein Lichtbogen in einem Treibgas (z.B. Argon) hergestellt, welches um die Elektrode durch eine Düsenöffnung auf das Werkstück strömt. Im Lichtbogen schmilzt das Metall des Werkstücks und wird vom Gasstrom weggeblasen [CRE 82].

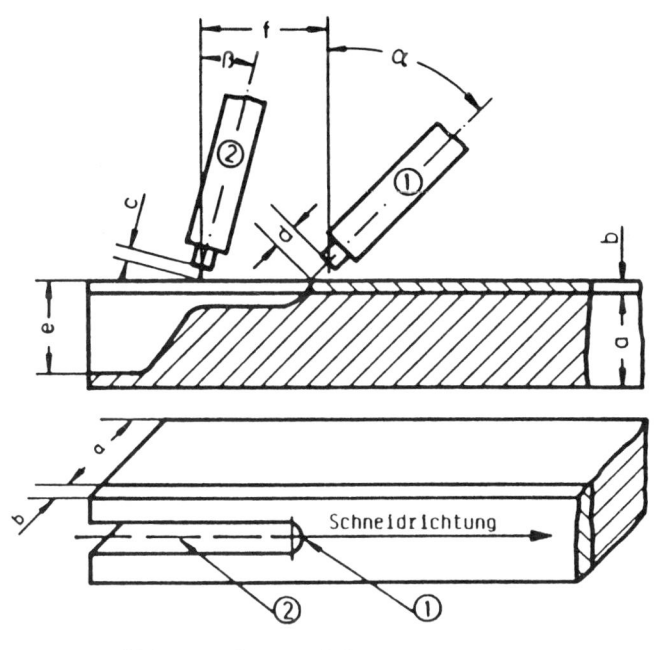

a : Dicke des St-Materials
b : Dicke der Chrom-Nickel-Plattierung
c : Abstand Autogenbrenner - Werkstück
d : Abstand Plasmabrenner - Werkstück
e : Schnittiefe
f : Brennermittenabstand
α : Winkeleinstellung des Plasmabrenners
β : Winkeleinstellung des Autogenbrenners

Abbildung 3.5: Das Kombinationsschneidverfahren Autogenbrenner - Plasmabrenner [ARN 84]

Das Thermische Spalten besteht nun darin, daß man mit Hilfe eines WIG-Brenners (Wolfram-Inertgas) etwa 1/3 der Dicke des zu trennenden Metalls aufschmilzt und durch Zusatz eines Fremdmetalles ein Spalten durch interkristalline Diffusion einleitet oder begünstigt (Abbildung 3.6). Der eigentliche Trennvorgang kann zusätzlich durch äußere Kräfte unterstützt werden.

Das Verfahren wurde beim französischen Atomenergiekommissariat (CEA) im Rahmen des EG-Forschungsprogramms zur Stillegung von Kernkraftwerken entwickelt und erprobt.

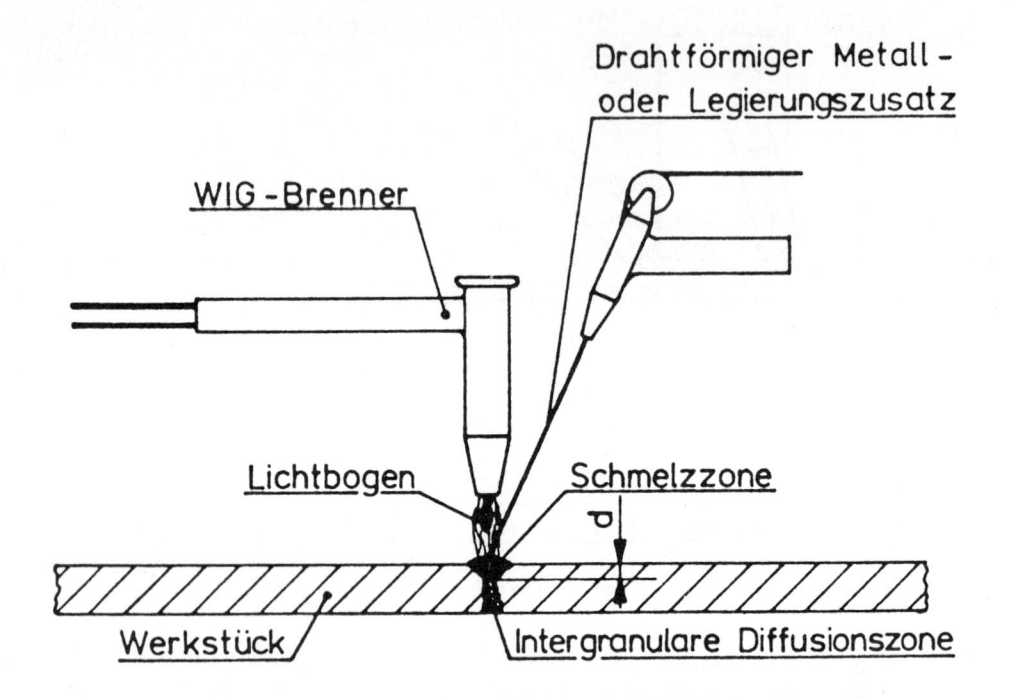

Abbildung 3.6: Das Prinzip des thermischen Spaltens (nach [CRE 82])

Die aufzuwendende Energie ist geringer als beim Plasmaschmelzschneiden. Der Hauptvorteil ist jedoch in der erheblichen Reduktion von Sekundärabfällen in der Form von Fugenmaterial und Aerosolen zu sehen.

3.2.4 Lichtbogen-Wasserstrahlschneiden

Das Grundprinzip des Lichtbogen-Wasserstrahlschneidens ist in Abbildung 3.7 gezeigt. Dem Brenner wird mit Hilfe eines Drahtvorschubgeräts ein Stahldraht mit konstanter Geschwindigkeit zugeführt. Im Brenner wird der Draht in einer Stromübertragungsdüse mit hohem Gleichstrom beaufschlagt. Bei Annäherung des Drahtes an das Werkstück bildet sich ein sehr kurzer Lichtbogen, der das Werkstück und den Draht aufschmilzt. Durch einen Wasserstrahl, der den Draht konzentrisch umströmt, wird die entstehende Schmelze aus der Fuge ausgetrieben.

Eine in Versuchen getestete Brennkonstruktion ist in Abbildung 3.8 gezeigt [BRÜ 91]. Die Trenngeschwindigkeit ist abhängig von der Drahtvorschubgeschwindigkeit, von der Stromstärke und von dem Drahtdurchmesser. Beispielsweise konnten 100 mm dicke Bleche mit einem Draht von 4 mm Durchmesser bei einer Stromstärke von 2800 A geschnitten werden. Die Schneidgeschwindigkeit betrug 135 mm/min. Typische Schneidzeiten für Stahlrohre (Wandstärke: 3 mm, Durchmesser: 50 mm) liegen im Sekundenbereich.

An einem Nachbau eines Dampftrocknersegments wurde der kombinierte Einsatz des Lichtbogen-Wasserstrahlschneidens und des Plasmaschneidens erprobt. Der Einsatz des Lichtbogen-Wasserstrahlschneidens ermöglicht das Trennen von Rohrleitungen ohne besondere Vorkehrungen zur Abstandsregelung, so daß als Schneidverfahren nicht das Konturenschneiden gewählt werden muß. Brüning [BRÜ 91] vergleicht das Verfahren mit dem Plasmaschmelzschneiden und der Plasmasäge. Zusammengefaßt werden folgende Vorteile und Nachteile herausgestellt:

Vorteile:

- Einfachere Handhabung durch geringeren apparativen Aufwand und geringeres Gewicht des Schneidaggregats (insbesondere im Vergleich zur Plasmasäge).

- Höhere Schneidgeschwindigkeit bis zu einer Blechstärke von 80 mm.

- Geringere Aerosolemission, da keine Zusatzgase zugeleitet werden und die Fugenbreite geringer ist.

- Vergleichsweise geringer Einfluß der Wassertiefe auf die Schneidmöglichkeit, was sich besonders beim Offshore-Einsatz bemerkbar macht, im kerntechnischen Einsatz allerdings von geringerer Bedeutung ist.

- Geringere Gefährdung des Bedienungspersonals, da die elektrische Leistung über hohe Strömstärken bei geringer Arbeits- und Leerlaufspannung erreicht wird.

Nachteile:

- Schlechtere Qualität der Schneidflanken bei geringeren Blechdicken (bes. gegenüber dem Plasmaschmelzschneiden mit Einzelbrenner).

- Größere Mengen von anfallendem Granulat und stärkere Verunreinigung des Wassers mit suspendierten Partikeln, da durch das Schmelzen des Drahtes ein Zusatzwerkstoff eingebracht wird (Sekundärabfall).

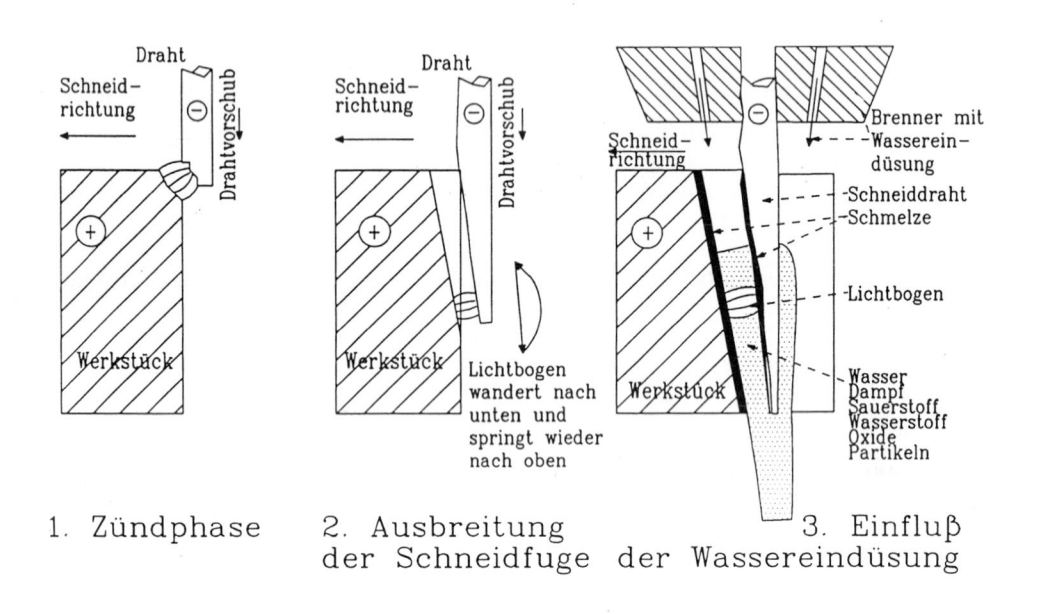

1. Zündphase 2. Ausbreitung der Schneidfuge 3. Einfluß der Wassereindüsung

Abbildung 3.7: Ablauf des Schneidvorgangs beim Lichtbogen-Wasserstrahlschneiden (aus [BRÜ 91])

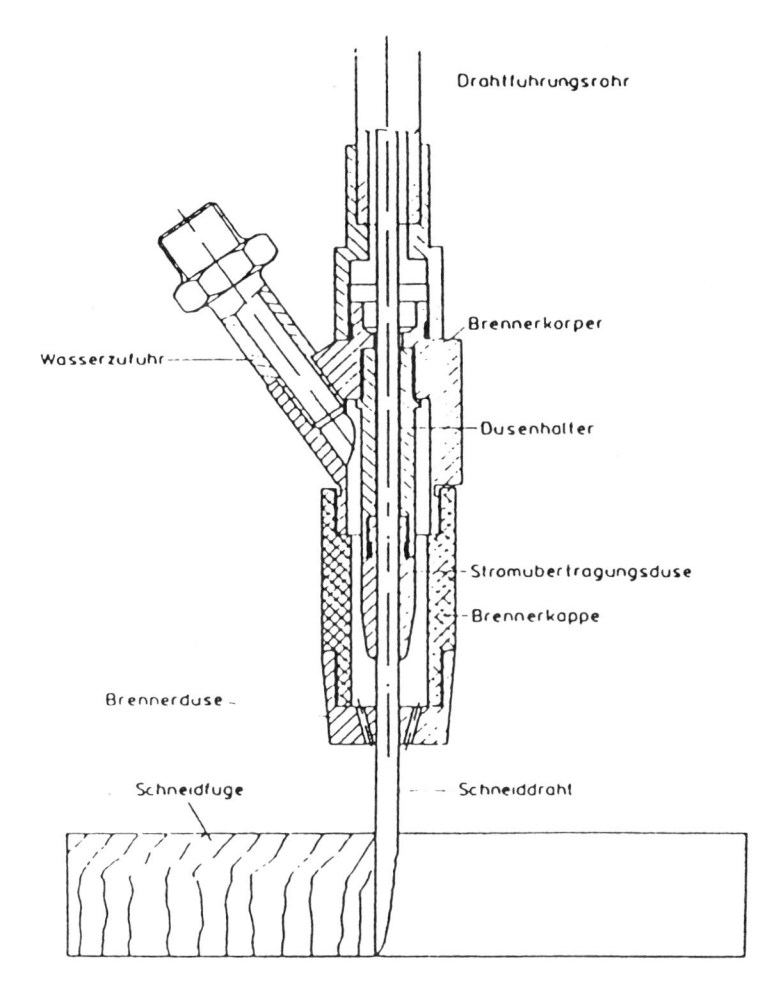

Abbildung 3.8: Typische Brennerkonstruktion beim Lichtbogen-Wasserstrahlschneiden (aus [BRÜ 91])

Vergleichbar zu einem Kombinationsbrenner aus Autogen- und Plasmabrenner wurde ein Kombinationsbrenner aus einem Lichtbogen-Wasserstrahlschneidkopf und einem zweiten Brenner entwickelt (s. Abbildung 3.9). Da das zu schneidende Werkstück mit dem Lichtbogen-Wasserstrahlschneiden nicht durchgetrennt wird, wird die in diesem Fall vorlaufende Trenneinheit als Fugenhobel bezeichnet. Erwogen wird auch die Kombination von Fugenhobeln und Sprengen; dabei werden Sprengschnüre in die Vorkerbungen (Fugen) gelegt und gezündet.

41

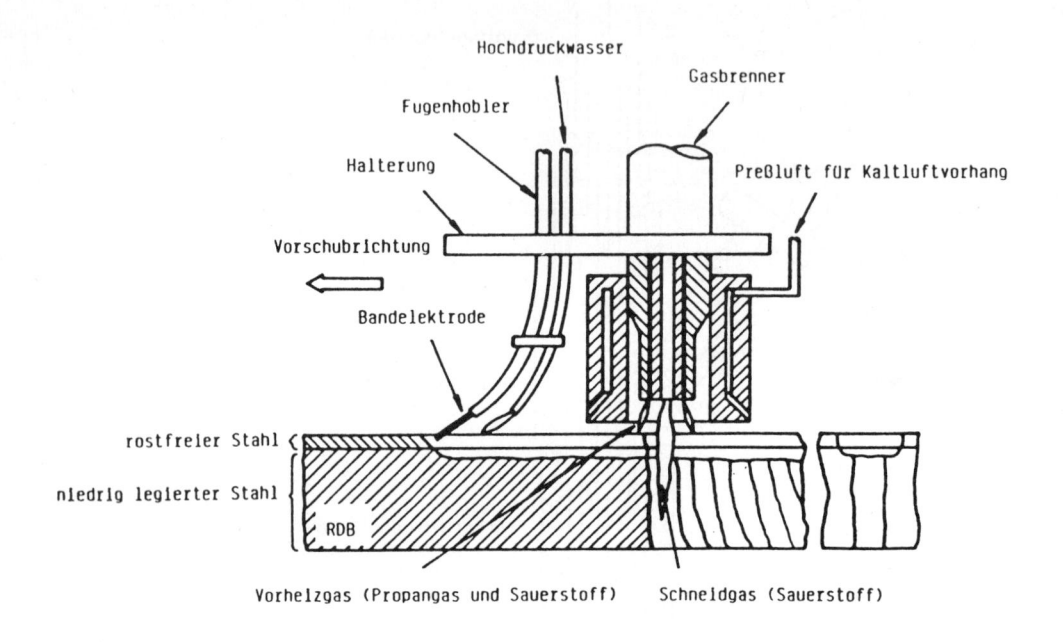

Abbildung 3.9: Brennerkonfiguration der Firma Hitachi (nach [HIT 85])

3.2.5   Laserschneiden

Das Laserschneiden wird zu den thermischen Techniken gerechnet, es kombiniert die thermische Wirkung des Laserstrahls mit der mechanischen Wirkung eines Gas- oder Flüssigkeitsstroms, durch den das geschmolzene Werkstückmaterial aus der Fuge ausgetrieben wird. Die im Laseraggregat erzeugte Laserstrahlung wird über ein Spiegelumlenksystem und eine Fokussiereinrichtung auf einen vorgegebenen Punkt der Bearbeitungsstelle gerichtet und dort konzentriert. In diesem Fokuspunkt treten durch Absorption der Energie des Laserstrahls im Werkstoff hohe Temperaturen auf, die für die Materialbearbeitung eingesetzt werden können.

Es wird unterschieden zwischen dem Laserbrennschneiden und Laserschmelzschneiden. Beide Verfahren führen zu einer hohen Energiedichte auf der bearbeiteten Oberfläche (über 5 MW/cm^2), wodurch der Werkstoff im Brennpunkt aufgeschmolzen wird und teilweise verdampft. Die so entstehende Öffnung ist im Durchmesser nur unwesentlich größer als der fokussierte Laserstrahl selbst [GÖR 87]. Beim Schneiden von Rohrleitungen mit einer Wanddicke von 6 mm treten beispielsweise Fugenbreiten von etwa 0,5 mm auf [ALF 90].

Beim Laserbrennschneiden, das bevorzugt bei metallischen Werkstoffen Anwendung findet, bewirkt Sauerstoff als Prozeßgas bei Eisenwerkstoffen eine exotherme Reaktion, die höhere Schnittgeschwindigkeiten ermöglicht. Darüber hinaus bläst das Prozeßgas geschmolzenes Metall aus dem Schneidspalt.

Beim Laserschmelzschneiden, vorzugsweise geeignet für nichtmetallische Werkstoffe, arbeitet man mit einem Inertgas, wie z.B. Argon oder Helium. Der prinzipielle Verfahrensablauf ähnelt dem Brennschneiden, wobei jedoch durch das Fehlen einer exothermen Reaktion eine sehr viel geringere Prozeßgeschwindigkeit erreicht wird.

Mit den verschiedenen Laserschneidverfahren können sehr unterschiedliche Materialien zerlegt werden, wie z.B. Plastik, Sperrholz, Gummi, Filz, Fliesen, verschiedene Stahlsorten, Edelmetalle. Abhängig von Materialart und -dicke können Schneidgeschwindigkeiten bis zu 20 m/min (bei ca. 10 mm Filz) erreicht werden. Bei 10 mm dickem Stahl wird eine Schneidgeschwindigkeit von größenordnungsmäßig 1 m/min berichtet ([FER 85], [EIF 89]).

Mit einem in Frankreich entwickelten fernbedienten System könnten je nach Anforderungen an die Schnittflächengüte Schnittiefen von 70 mm für C-Stahl und 40 mm für Edelstahl erreicht werden [ALF 90]. Der prinzipielle Aufbau einer Laserbearbeitungsanlage ist in Abbildung 3.10 gezeigt.

Die Produktion von Aerosolen im Verlaufe des Schneidvorgangs wird u.a. von Schneidgeschwindigkeit, sekundärem Gasstrom (O_2, N_2, Argon) und Wasser-

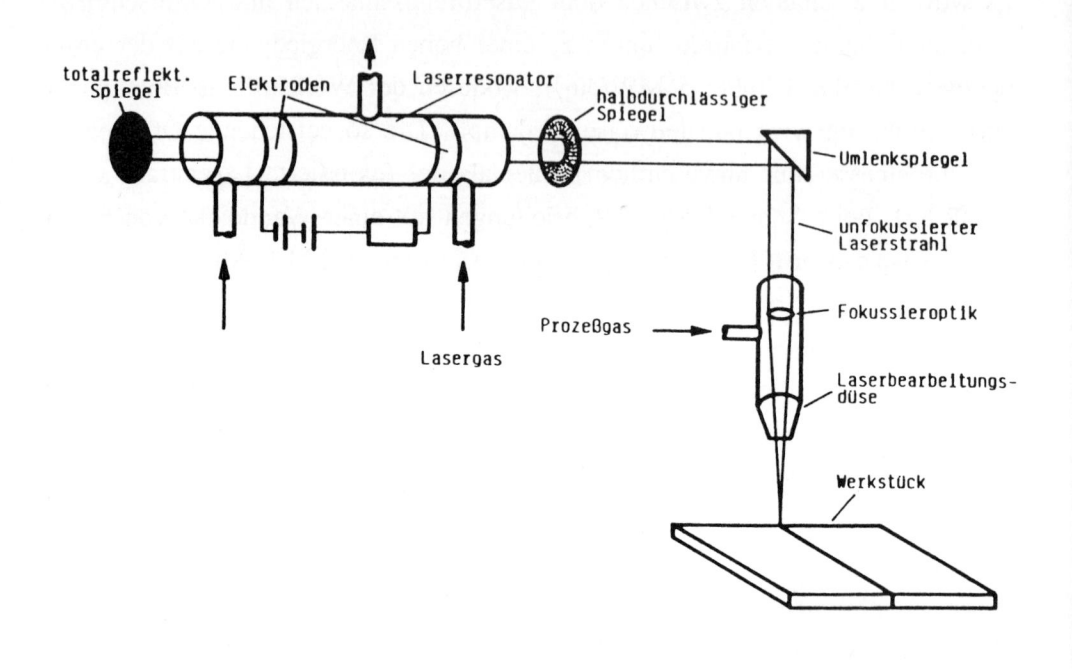

Abbildung 3.10: Prinzipieller Aufbau einer Laserbearbeitungsanlage (nach [RIN 85])

überdeckung beeinflußt. Tabelle 3.5 zeigt einen Vergleich zwischen dem Laserschneiden und dem Plasmaschneiden bezüglich der Verteilung der Fugenmasse auf Schlacke, Sediment, Schwebstoff und Aerosole.

Auch beim Laserschneiden wird über Schwierigkeiten durch Wassertrübung berichtet. Der Medianwert der Aerosolmassenverteilung liegt bei etwa 0,2 - 0,4 μm, was für die Berechnung möglicher Inhalationsdosen von Bedeutung ist.

Verfahren	Anteil an Fugenmasse [%]				Bemerkungen
	Schlacke	Sediment	Schweb-stoff [*1]	Aerosole [*2]	
Plasma-schneiden unter Wasser	0,1-10	90-99,9	0,05-1	$2 \cdot 10^{-4}$ bis $3 \cdot 10^{-2}$	Fugenmasse 1000-3000 g/m
	7	93	0,5	$6 \cdot 10^{-3}$	20 mm dicke Stahlplatte
Plasma-schneiden in Luft	6	94	--	2	20 mm dicke Stahlplatte
Laser-schneiden	10-40	60-90		0,2-4	Fugenmasse 100-1000 g/m

[*1] : Im Wasser schwebend.
[*2] : Trotz Wasserüberdeckung noch in Luft gelangend.

Tabelle 3.5: Massenverteilung beim Plasma- und beim Laserschneiden (nach [PLN 90], [LEP 90])

In [MIG 90] wird über den geplanten Einsatz bei der Zerlegung eines Dampftrockners berichtet. Notwendig sind bei dieser In-Luft-Anwendung leistungsfähige Lüftungsanlagen mit entsprechenden Aerosolfiltern. Der Dampftrocknerraum soll nur zu vorbereitenden Arbeiten u.ä. betreten werden.

3.2.6 Abrasivwasserstrahlschneiden

Das Wasserstrahlschneiden mit Abrasivzusatz ist aus den Verfahren zum Schneiden von Werkstoffen mit Hochdruckflüssigkeitsstrahlen entwickelt worden.

Bereits mit einem Hochgeschwindigkeits-Wasserstrahl, der mit einer Hochdruckpumpe von ca. 4000 bar auf eine Düsenaustrittsgeschwindigkeit von 750 m/s gebracht wird, lassen sich weiche Materialien schneiden. Durch die

Zugabe von Abrasiven kann die erodierende Wirkung des Strahls beachtlich gesteigert werden.

Das Verfahren ermöglicht die Trennung nahezu aller Materialien unabhängig von deren elektrischer Leitfähigkeit und Härte. Gerade für den Unterwassereinsatz hat sich die richtige Wahl der Fokussierdüse bzw. deren Länge als mitentscheidend für die Schnittleistung, ausgedrückt durch die Schnittiefe, herausgestellt. Für die Fokussierdüse werden Hartmetallröhrchen (Wolframlegierungen) verwendet, Düsen aus Borkarbid befinden sich im Test. Wesentliche Einflußgrößen auf die Schnittleistung sind der Wasserdruck, der Abrasivmassenstrom und seine Regulierungsmöglichkeiten, die Länge der Fokussierdüse, die Möglichkeit, den Abrasivwasserstrahl reibungsarm bis zur Schnittstelle zu führen, der Abstand zwischen Strahlkopf und Werkstück sowie das zu schneidende Material und das Abrasivmaterial. Ein effizienter Einsatz des Wasserstrahlschneidens macht daher eine an die Trennaufgabe angepaßte Vorauswahl der Geräteparameter erforderlich.

Der apparative Aufbau einer Abrasiv-Wasserstrahlschneidanlage kann Abbildung 3.11 entnommen werden. Als maximale Entfernung zwischen Schneid- und Versorgungseinheit werden vom Hersteller ca. 60 m angegeben. Ein fernbedienter Betrieb ist möglich.

Die Verbrauchsmengen zum Schneiden von Stahl liegen bei ca. 1,5 - 3,0 kg Abrasivmaterial und 15 - 20 l Wasser pro Minute. Maximal erreichbare Schneiddicken für verschiedene Materialien reichen bis zu über 100 mm, es wurden Schneidgeschwindigkeiten bis zu 20 cm/min (bei 20 mm dickem Baustahl) erreicht [HAS 82].

Abbildung 3.12 zeigt verschiedene Formen von Düsen unterschiedlicher Abrasivzugabegeometrie. Die Wiederverwendung von Schneidwasser und Abrasiven im Kreislauf ist möglich. Die räumlich getrennte Aufstellung von Versorgungs- und Schneideinheit ist unproblematisch, ebenso wie die fernbediente Handhabung der Düse. Neuere Entwicklungen erhöhen die Einsatzfähigkeit bei

Unterwasserzerlegeaufgaben, indem die aus einer zusätzlichen Luftmanteldüse austretende Luft den Abrasiv-Wasserstrahl führt, so daß Reibungsverluste im Wasser stark verringert werden. Die notwendigen Schnittiefen können dadurch auch bei etwas größeren Abständen erreicht werden, so daß die Anforderungen an die Positioniergenauigkeit sinken [HAF 90].

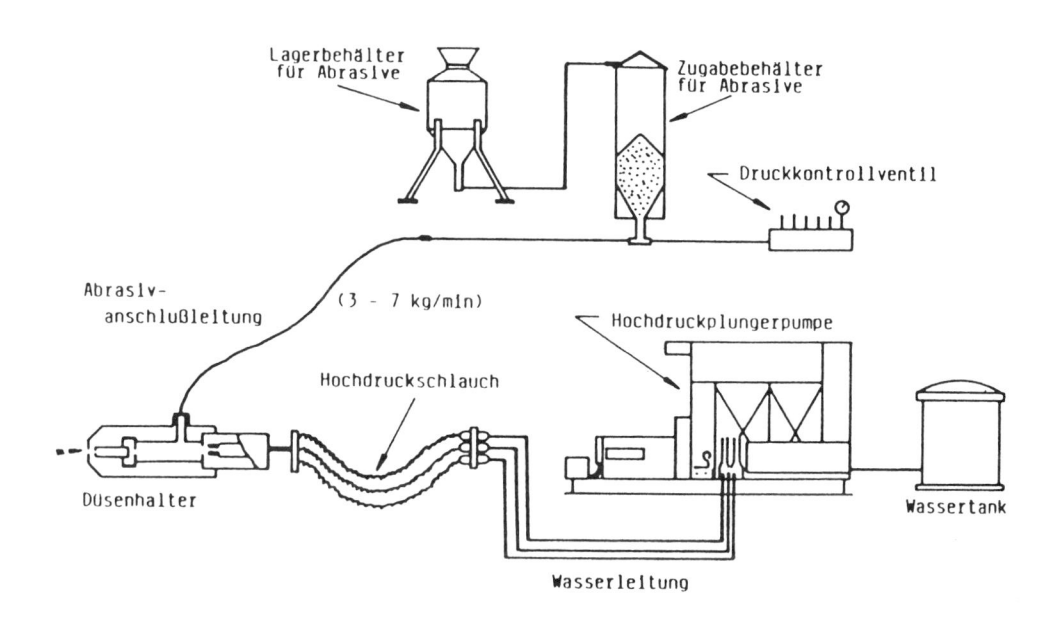

Abbildung 3.11: Systemkomponenten für das Abrasiv-Wasserstrahlschneiden [KON 85]

Die grundsätzlichen Vorteile des Abrasiv-Wasserstrahlschneidens im Unter-Wasser-Einsatz, die z.T. auch für den In-Luft-Einsatz gelten, sind:

- Das Schneiden erfolgt ohne Berührung des Werkzeugs mit dem Werkstück, die Anforderungen an die Positionierung sind etwas niedriger als bei anderen mechanischen Schneidverfahren.

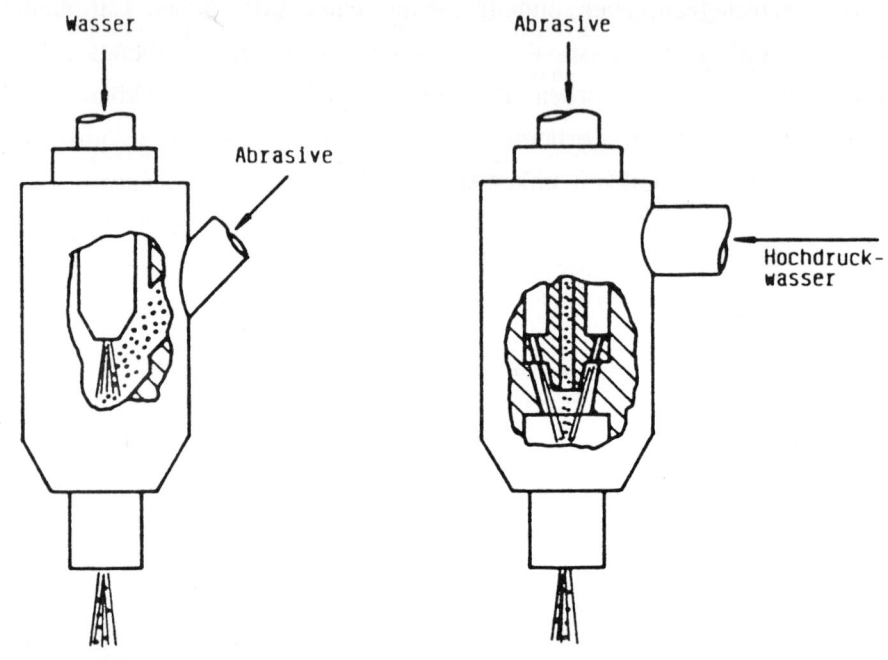

Einzelner Wasserstrahl mit
seitlicher Abrasivzufuhr

Mehrere Wasserstrahlen mit
zentraler Abrasivzufuhr

Abbildung 3.12: Düsen für das Abrasiv-Wasserstrahlschneiden [HAS 83]

- Das Schneidwerkzeug, der Abrasivstrahlkopf, ist vergleichsweise klein und einfach zu handhaben; das Gewicht der Schneideinheit beträgt bei einem Durchmesser von etwa 50 mm und einer Länge von etwa 300 mm im allgemeinen weniger als 5 kg.

- Im Falle des Unter-Wasser-Einsatzes wirkt das Wasser als Aktivitätsfilter.

- Im Unter-Wasser-Einsatz können preiswerte Abrasive eingesetzt werden, da die Gefährdung durch Staub (Silikose, Explosion) durch die Wasserüberdeckung weiter gesenkt wird.

3.2.7 Kernlanzenverfahren

Wenn Dosisleistung und örtliche Gegebenheiten einen Aufenthalt in der Nähe der zu schneidenden Komponenten erlauben, können Sauerstoffkernlanzen zum Trennen von Beton eingesetzt werden.

Die Sauerstoffkernlanze besteht aus einem Mantelrohr und Kerndrähten im Inneren des Rohres. Das Eisen der Kernlanze wird in einem Reinsauerstoffstrom, der unter Druck zugeführt wird, verbrannt. Dabei entstehen Eisenoxide, die den Schmelzpunkt von Beton herabsetzen; der geschmolzene Beton kann, da unter Silikatbildung die ansonsten zähe Betonschmelze in eine dünnflüssige Masse überführt wird, durch den Sauerstoffstrahl ausgeblasen werden. Es entstehen Temperaturen von 2000° C für die freibrennende Lanze und etwa 1500° C für die Schmelze. Umfangreiche Versuche zum Einsatz der Lanzen bei der Zerlegung von Beton werden in [KLO 84] beschrieben.

Verschiedene Probleme (Verlöschen der Lanzen an den Verbindungsmuffen und Verlöschen wegen zu schnellen Abbrands der Kerndrähte) lassen ein zügiges Arbeiten kaum zu. Außerdem können die Lanzen nicht fernbedient eingesetzt werden. Es fallen erhebliche Staubmengen an, die eine Absaugung bzw. eine sehr leistungsfähige Lüftungsanlage notwendig machen.

Für das Sauerstoffkernlanzenverfahren liegen Erfahrungen mit dem Zerlegen von metallischen Anlagenteilen vor. Im Kernkraftwerk Würgassen wurde mit diesem Verfahren der Dampftrockner zerlegt [NEU 87]. Innerhalb des Kraftwerks wurde dieser auf einem Drehteller in einem besonderen Raum abgesetzt. Von zwei Arbeitspositionen aus wurden die Lanzen gleichzeitig bedient; um einen Schnittvorschub zu erzeugen, wurde der Dampftrockner an den Lanzen vorbeigedreht. Aus Gründen des Strahlenschutzes waren massive Abschirmwände für das Bedienungspersonal notwendig, deren Durchführungsspalte mit Bleimatten zugehängt werden konnten. Erheblichen Aufwand verursachte die Ableitung der entstandenen Schneidstäube.

Die Einzelteile des Dampftrockners wurden in transportgerechte Stücke zerlegt, indem die bis zu 9 m langen Sauerstofflanzen durch leicht pendelnde Bewegungen und Nachschieben positioniert wurden. Bei einer Gesamtmasse des Dampftrockners von 35 Mg fielen etwa 10 Mg Schlacke, Sand, Kleinteile und Schamotte an - der Drehteller war mit Sand bedeckt, um eine Beschädigung durch Schlacke zu verhindern - sowie etwa 1,7 Mg Filter und Teile der Lüftungsanlage. Außerdem waren die transportgerechten Stücke mit Schlacken und Eisenoxidstäuben beladen, so daß sie in Folien verpackt werden mußten. Dieser erste Schritt der Beseitigung des Dampftrockners führte zu einer Strahlenbelastung von 0,14 Mann-Sv.

3.2.8 Pulverschmelzschneiden

Das Pulverschmelzschneiden ist ein Trennverfahren zur Zerteilung von Betonstrukturen, das auf einem ähnlichen Funktionsprinzip beruht wie das Kernlanzenverfahren. Die erforderliche Energie zum Schmelzen des Betons wird durch die Verbrennung eines Eisen-Aluminium-Pulvergemisches in einer Brenngas-Sauerstoff-Flamme erzeugt. Als Brenngas kann Acetylen, Erdgas oder Propan eingesetzt werden. In Versuchen [KLO 84] ergaben sich optimale Schnittgeschwindigkeiten bei der Verwendung eines Pulvers aus 85 % Eisen- und 15 % Aluminiumpulver.

Das Eisen-Aluminium-Pulvergemisch wird über eine außen am Brenner montierte Pulverdüse mit Preßluft in die Sauerstoff-Brenngasflamme geblasen. Durch die exotherme Reaktion des Pulvers wird die Schmelztemperatur der Betonbestandteile erreicht. Die entstehenden Oxide, insbesondere FeO, Fe_2O_3, Fe_3O_4 und Al_2O_3 in Verbindung mit Silizium- und Kalziumoxid, setzen den Schmelzpunkt der Betonschmelze in der Schnittfuge auf ca. 1500 °C bis 1600 °C herab. Die kinetische Energie zur Entfernung der Schmelze wird mit dem Sauerstoffstrahl eingebracht (Abbildung 3.13).

Mit diesem Verfahren läßt sich Beton bis zu 800 mm Dicke trennen. Die pro Zeiteinheit geschaffene Schnittfläche ist weitgehend konstant, d.h. unabhängig von der Schneiddicke, und beträgt ca. 0,4 - 0,5 m²/h. Der hohe Aufwand für Lüftung (40.000 m³/h) und Gasversorgung sowie die hohe Aerosolerzeugung schränken den Einsatzbereich ein. Das Verfahren erlaubt jedoch ein einfaches Steuern und Manipulieren des Brenners. In Versuchen [KLO 84] hat sich herausgestellt, daß bei der Betonzerlegung immer mit automatischem Vorschub gearbeitet werden muß, da jede unkontrollierte Bewegung des Brenners ein Erstarren der Schmelze zur Folge hat.

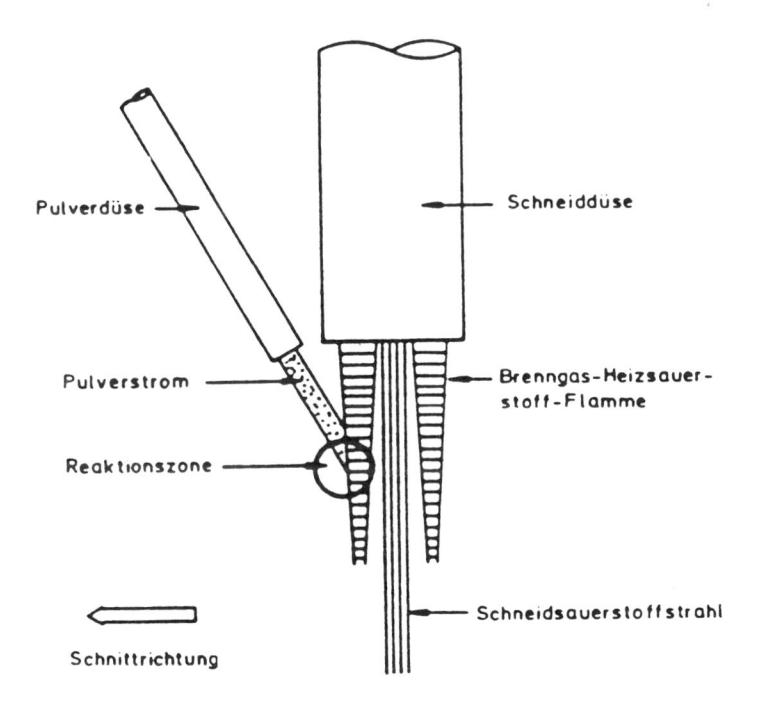

Abbildung 3.13: Schematischer Aufbau eines Brenners zum Pulverschmelzschneiden

3.2.9   Elektrochemisches Schneiden

Die elektrochemische Dekontamination hat bei der Stillegung kerntechnischer

Anlagen bereits eine große Bedeutung erlangt. Hierbei wird in einem galvanischen Prozeß eine dünne Schicht von Metalloberflächen abgetragen, die den größten Teil der Kontamination beinhaltet. Das gleiche Prinzip wird bei dem Verfahren des elektrochemischen Schneidens benutzt. Der prinzipielle Aufbau einer elektrochemischen Schneidanlage ist in Abbildung 3.14 gezeigt.

Im Unterschied zur elektrochemischen Dekontamination (Elektropolieren), wo mit Schwefel- oder Phosphorsäure als Elektrolyt gearbeitet wird, benutzte man bei ersten Versuchen zum elektrochemischen Schneiden eine einfache Salzlösung. Hieraus ergeben sich die Vorteile dieses Verfahrens:

Die Handhabung des Verfahrens ist problemlos, da nicht mit stark ätzenden Flüssigkeiten gearbeitet werden muß. Die Aufbereitung des Elektrolyten ist weniger aufwendig. Das in der Regel aktivierte Fugenmaterial wird mit der Salzlösung aus der Trennfuge gespült und kann einfach herausgefiltert werden.

Die Nachteile des Verfahrens resultieren aus der extrem niedrigen Vorschubgeschwindigkeit und der relativ komplizierten Steuerung des Schneidprozesses, da bei einer Berührung von Werkzeug und Werkstück ein Kurzschluß entsteht und der Prozeß dann wieder neu gestartet werden muß.

Im Rahmen des Stillegungsprojekts Gundremmingen, Block A (KRB-A) wurden weitere Entwicklungen dieses Verfahrens vorangetrieben. Wegen der geringen Schneidgeschwindigkeit ist daran gedacht, hiermit nur die höher aktivierten Teile des Reaktordruckbehälters zu schneiden. Die Vorteile des Verfahrens liegen darin, daß auf das zu zerlegende Werkstück praktisch keine Kräfte ausgeübt werden, die Fugenbreiten schmal sind und saubere Trennschnitte ausgeführt werden, so daß die Menge an Fugenmaterial begrenzt wird. Die Versuchseinrichtung im Kernkraftwerk KRB-A ist in Abbildung 3.15 gezeigt. Das Werkstück hatte eine Dicke von 143 mm und eine Breite von 607 mm, die Schneidzeit betrug etwa 750 min.

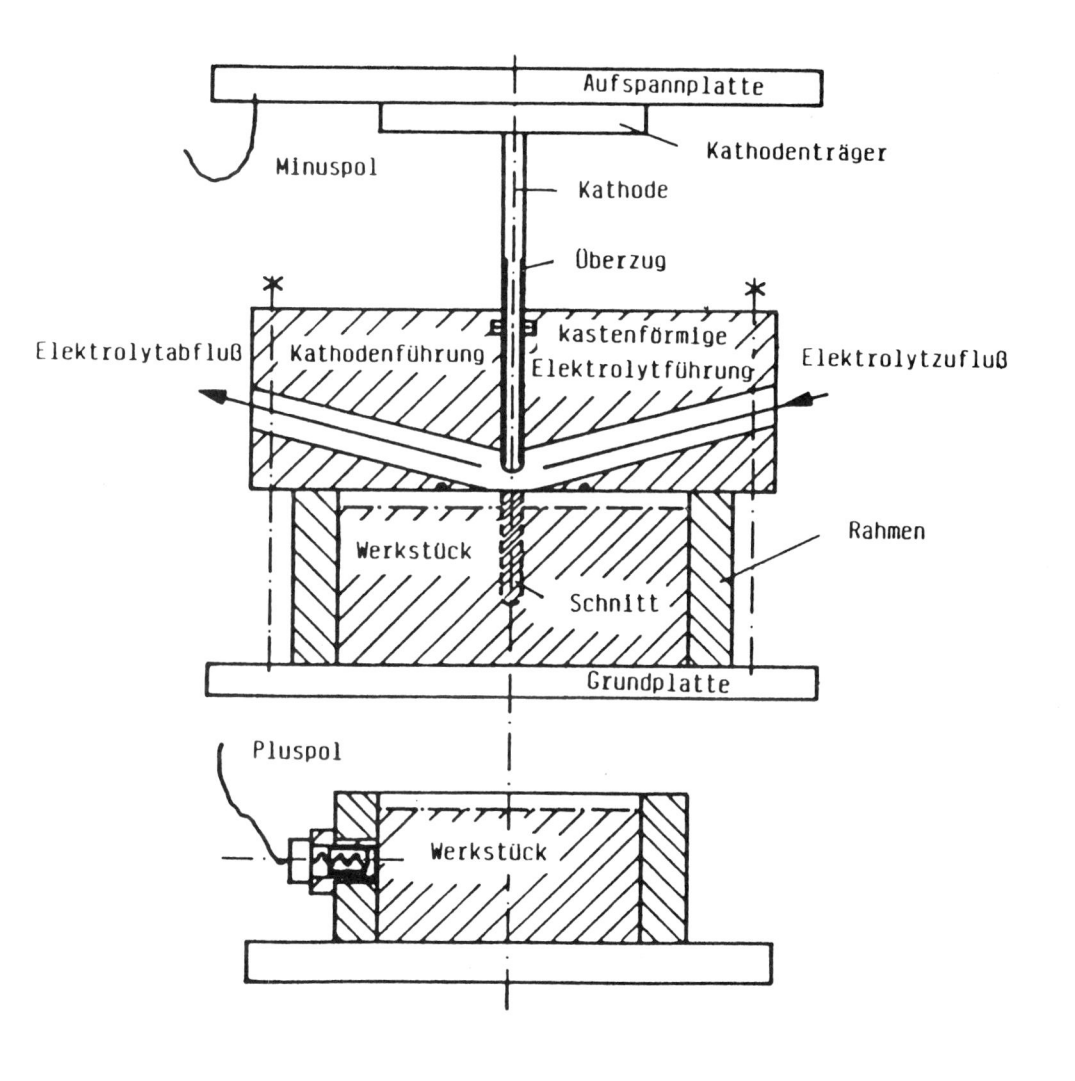

Abbildung 3.14: Prinzipieller Aufbau einer elektrochemischen Schneidanlage [CEC 85]

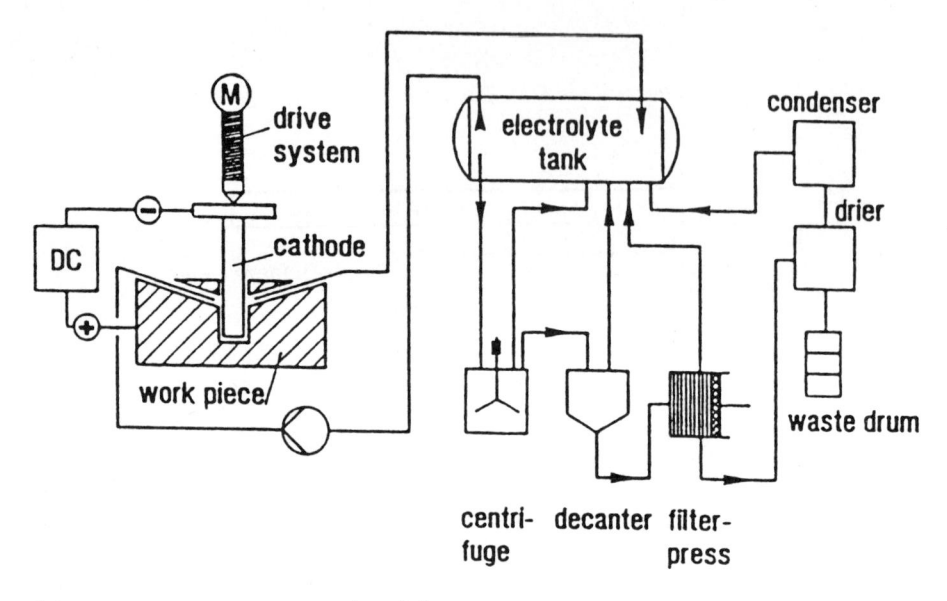

drive system	: Antrieb
cathode	: Kathode
work piece	: Werkstück
electrolyte tank	: Elektrolyttank
centrifuge	: Zentrifuge
decanter	: Dekanter
filter press	: Filterpresse
waste drum	: Abfallfaß
drier	: Trockner
condenser	: Kondensator

<u>Abbildung 3.15:</u> Aufbau einer Versuchseinrichtung zum elektrochemischen Schneiden [STA 90a]

3.2.10 Mechanische Schneidverfahren

Zu dieser Gruppe, die hier nur im Überblick angesprochen werden soll, gehören z.B. die verschiedenen Sägeverfahren und der Einsatz von Winkelschleifern. Tabelle 3.6 gibt einen Vergleich einiger mechanischer Trenntechniken mit thermischen Trenntechniken bei gleicher Schneidaufgabe (Metallzerlegung). Obwohl die Schnittflächenleistungen der mechanischen Techniken in der Regel kleiner sind, bietet ihr Einsatz mehrere Vorteile:

Zum einen liegen umfangreiche Erfahrungen aus der Betriebszeit bei Umrüst-, Revisions- und Reparaturarbeiten vor, zum anderen ist der fernbediente Einsatz bzw. eine Automatisierung möglich, u.U. können mehrere Geräte von einer Person bedient werden. Aus Sicht des Strahlenschutzes ist gerade die gegenüber thermischen Verfahren geringe Aerosolbildungsrate (Ausnahme: Winkelschleifer) sowie der vergleichsweise große Aerosoldurchmesser von Vorteil.

Als Beispiel soll hier die Rohrsäge herausgegriffen werden. Sie besteht aus einem Antriebsmotor, der über ein Getriebe und eine Friktionskupplung das schwenkbar angeordnete Sägeblatt bzw. den Formfräser antreibt. Über ein Schaltgetriebe wird die Vorschubwelle mit den beiden gezahnten Transporträdern angetrieben. Die Rohrsäge kann mit einem Drehstrom- oder Druckluftmotor angetrieben werden. Die Drucklufttypen können auch für Unterwasserarbeiten eingesetzt werden. Die Rohrsäge (Gewicht bis zu 1000 g) kann von zwei Personen auf das Rohr gesetzt werden. Mit einer verstellbaren, geführten Bügelkette mit Führungsrollen wird die Säge dann auf dem Rohr festgespannt. Nach dem Einschalten des Vorschubes bewegt sich die Rohrsäge selbständig um das Rohr.

Eine interessante Weiterentwicklung mechanischer Zerlegetechniken wird im Kernkraftwerk Gundremmingen Block A (KRB-A) projektiert. Geplant ist die Zerlegung der drei Sekundärdampferzeuger in-situ, indem sie mit Wasser gefüllt und anschließend eingefroren werden. Anschließend soll mit einer Bandsäge die eigentliche Zerlegung vorgenommen werden. Ein Versuch an einer Nachbildung wurde bereits durchgeführt. Die Kühlzeit betrug mehrere Wochen. Vorteile ergeben sich zum einen aus der Dosisreduzierung durch die Abschirmung mit Wasser und zum anderen durch die verringerte Aerosolbildung (geringere Anforderungen an Lüftungsanlagen). Mit diesem Verfahren soll außerdem der Abschaltkühler zerlegt werden [WAT 90].

Mechanische Schneidverfahren werden nicht nur zur Zerlegung metallischer Komponenten, sondern auch zur Zerlegung von Gebäudestrukturen u.ä. eingesetzt. So ist beispielsweise geplant, den Biologischen Schild des japanischen

55

Verfahren	Konzentration [mg/m³]	Aerosolbildungsrate [mg/min]	Anteil der mit den Aerosolen freigesetzten Masse an der Fugenmasse [%]	Schnittfläche je Zeit [m²/min]
Bügelsäge	1,0	10 - 100	0,2 - 2	1,4-3,5
Bandsäge	2,5	20 - 150	1 - 3	3,3-7
Stichsäge	12	100 - 400	1 - 3	3,7-5,7
Winkelschleifer	3	20 - 50	wurde zur Oberflächenbehandlung eingesetzt	
Azetylen-Sauerstoffbrenner	15	100 - 500	1 - 5	1,5-3,2
Plasmabrenner	62	> 1000	2 - 7	9-12,6
Lichtbogensäge	42	> 1000	3 - 8	6,3-9

Tabelle 3.6: Gemessene Aerosolkonzentrationen beim Schneiden von Rohrleitungen (5 cm äußerer Durchmesser) und Aerosolbildungsraten sowie Schneidgeschwindigkeiten (nach [NEW 82])

Demonstrationskraftwerkes JPDR (vgl. auch Kapitel 4) mit einem Kombinationsverfahren aus Diamantkreissäge und Kernbohrer zu zerlegen.

Bei diesem Verfahren werden unmittelbar nebeneinander Kernbohrungen in die Wandung des Biologischen Schildes niedergebracht, die einen Durchmesser von ungefähr 150 mm und eine Tiefe von 1000 mm haben. Anschließend wird mit einer Diamantkreissäge von innen her ein Block von 1000 x 1000 x 400 mm herausgeschnitten.

Die Gesamtarbeitszeit zum Abtrennen eines Blockes und die prozentualen zeitlichen Anteile der einzelnen Tätigkeiten können Abbildung 3.16 entnommen werden. Der Zeitbedarf von 406 Minuten für einen Block macht die geringe Geschwindigkeit dieses Verfahrens deutlich.

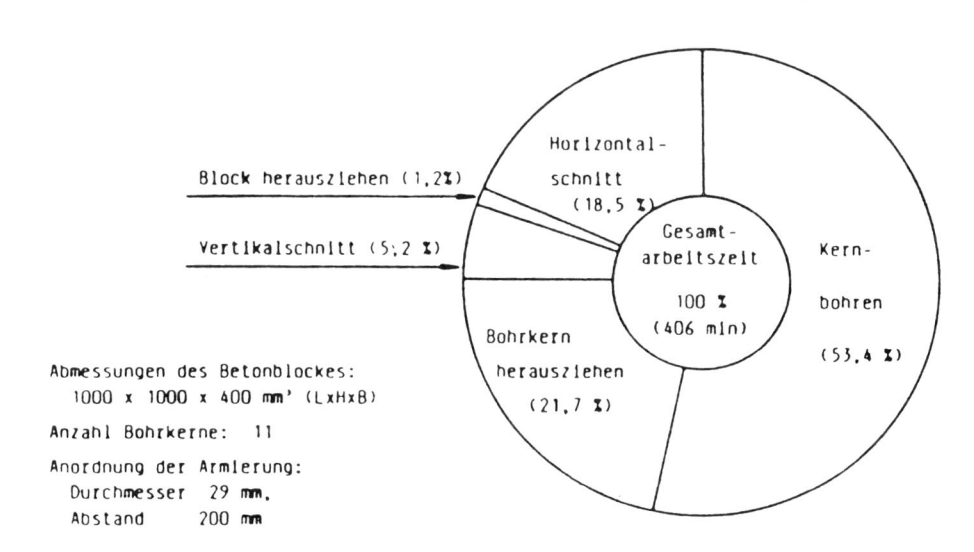

Abbildung 3.16: Arbeitszeitverteilung beim mechanischen Schneiden von Beton [KON 85]

3.2.11   Sprengtechnik

Über die erfolgreiche sprengtechnische Zerlegung von Komponenten und Betonstrukturen liegen einige Erfahrungen vor. Verwiesen sei auf Arbeiten von [FRE 82], [UPA 74], [KIT 82]. Durch Sprengen können sowohl metallische Teile wie auch Betonteile zerlegt werden. Während zur Zerlegung von Betonstrukturen (insb. zur Zerlegung des Biologischen Schildes) sowohl Bohrlochsprengverfahren wie das Hohlladungssprengen in Frage kommen, wird zur Zerlegung metallischer Strukturen wie z.B. Rohrleitungen, aber auch von Reaktordruckbehältern, der Einsatz des Hohlladungssprengens in Betracht gezogen.

3.2.11.1 Bohrlochsprengverfahren

In jüngster Zeit wird die Anwendung sprengtechnischer Verfahren zur Zerlegung des Biologischen Schildes in Betracht gezogen und, wie das Beispiel des JPDR zeigt, an Nachbildungen der realen Strukturen getestet.

Nachdem die höher aktivierten Teile des Biologischen Schildes mit Diamantsägen (s. Kapitel 3.2.10) bzw. durch Abrasiv-Wasserstrahlschneiden zerlegt worden sind, soll die restliche Struktur durch Sprengen zerstört werden. Die vom Beton befreiten Stahlarmierungen werden dann mittels Autogenbrenner geschnitten. Im Falle des JPDR ist geplant, mit vertikal angeordneten Bohrlöchern den Biologischen Schild von innen nach außen und von oben nach unten zu zerlegen. Eine glatte Ablösung von den Reststrukturen wird durch eine Aneinanderreihung von Bohrlöchern mit einem Durchmesser von etwa 150 mm geschaffen, der so gebildete "Schlitz" begrenzt die Wirkung der Druckwellen auf den abgebohrten Bereich [JAP 90]. Da gerade die Herstellung der Kernbohrungen sehr zeitaufwendig ist, wird erwogen, darauf zu verzichten (vgl. Abbildung 3.16). Allerdings ist dann die Ablösung des Betonblock-Volumens nicht vollständig. Besonders am Rand des Bohrfeldes bleiben z.T. erhebliche Betonreste stehen, diese müssen durch mechanische Verfahren abgebaut werden.

In anderen Versuchen an armierten Betonprobekörpern wurde festgestellt, daß im Beton verankerte Linerplatten durch Bohrlochsprengverfahren vollständig abgelöst werden können [FLE 90]. Untersucht wurde der Einfluß der Zündschemata, wobei sich das gleichzeitige Zünden aller Sprengladungen gegenüber dem zeitversetzten (μs-Bereich) als überlegen erwies. Entwicklungsarbeiten zielen auf die Herstellung von geeigneten Sprenglöchern durch das Sprengen mit Hohlladungen ab. Der Einsatz fernbedienter Technik ist möglich, Entwicklungsschwerpunkte beziehen sich auf

- Positioniergenauigkeit und Tragfähigkeit, ausreichende Reichweite, so daß jeder Punkt innerhalb des Biologischen Schildes mit jedem Geräteaufsatz erreicht wird.

- Eignung zur Aufnahme von Einrichtungen, mit denen das Handhaben von Hohlladungen, das Beladen der Sprenglöcher mit Sprengstoff und Besatz und das Schneiden der Stahlarmierung bzw. ggf. des Liners möglich wird.

- Möglichkeit, verschiedene Ladetechniken (Patrone, Schnüre, Einblasen) durchzuführen.

- Robustheit gegenüber Druckwellen und Schwingungen.

- Möglichkeit des Transports und des Ladens der infolge der Sprengungen entstehenden Abfälle.

3.2.11.2 Schneidladungssprengen

Das wesentliche Prinzip dieses Sprengverfahrens, das ohne Sprengbohrlöcher auskommt, ist in Abbildung 3.17 gezeigt. Die Energie des Sprengstoffs wird mit Hilfe von "Schneidladungen", die in unterschiedlichen Geometrien vorliegen können, so fokussiert, daß ein Durchtrennen des zu schneidenden Werkstoffs möglich wird. Die eigentliche Schneidladung kann aus Metallen wie Aluminium, Kupfer, Silber, Blei bzw. ihren Legierungen bestehen, sie wird durch die Druckwelle auf Geschwindigkeiten im Bereich von 2000 m/s beschleunigt, so daß das Werkstück quasi hydrodynamisch durchstoßen wird.

Wesentliche Einflußgrößen bezüglich der erreichbaren Schnittiefe sind die Sprengstoffmenge, der Öffnungswinkel der Schneidladung, die Materialart der Schneidladung und die Länge des Abstandstückes. Metallhülle, Schneidladung und Abstandhalter können aus dem selben Material bestehen. In Versuchen zum Zerlegen von metallischen Rohrleitungen [SCH 87] wurde eine Rohrleitung mit einer Wandstärke von 36 mm und einem Außendurchmesser von 610 mm, die der Frischdampfleitung eines Siedewasserreaktors deutscher Bauart entspricht, geschnitten, indem die Schneidladung in Form eines Polygonzugs um die Rohrleitung herum angeordnet wurde. Um Beschädigungen durch freigesetzte Teile der Metallhülle zu vermeiden, waren Abschirmungen notwendig. Durch die Sprengungen wurden die Werte der Materialstreckgrenzen außerhalb des zu schneidenden Bereiches weit unterschritten; Gefährdungen, die von der sich in alle Richtungen verbreitenden Druckwelle ausgehen, konnten bei den Versuchen praktisch ausgeschlossen werden [SCH 87].

Eine fernbediente Anordnung zum Schneiden von Rohrleitungen, die aus dem Biologischen Schild herausführen, ist in Abbildung 3.18 gezeigt.

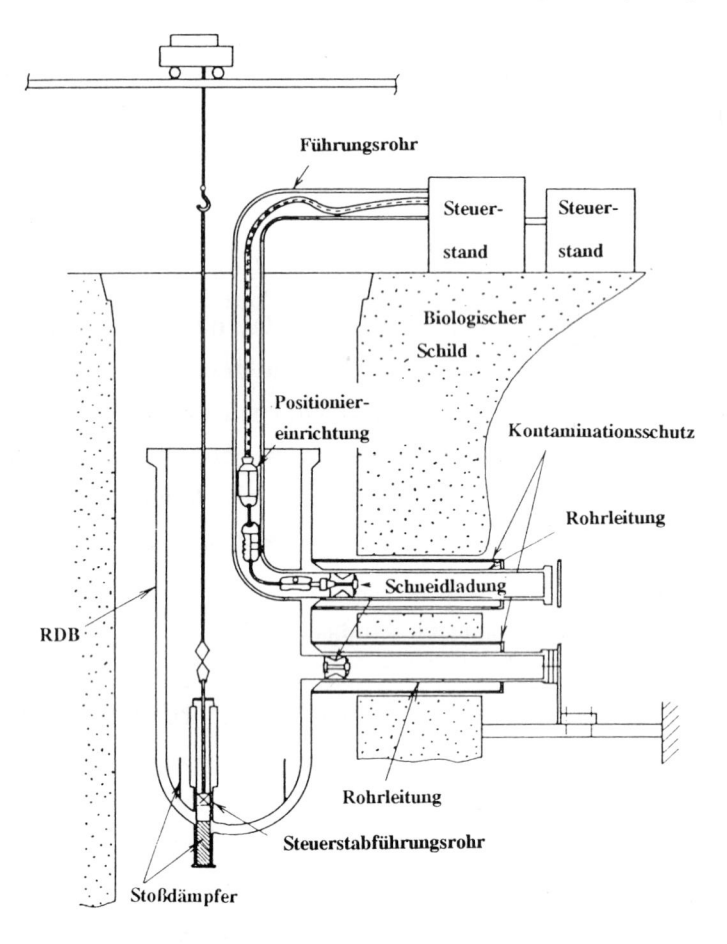

Abbildung 3.17: Einsatz des Schneidladungssprengens zur Zerlegung von Rohrleitungen, die aus dem Biologischen Schild herausführen [JAP 90]

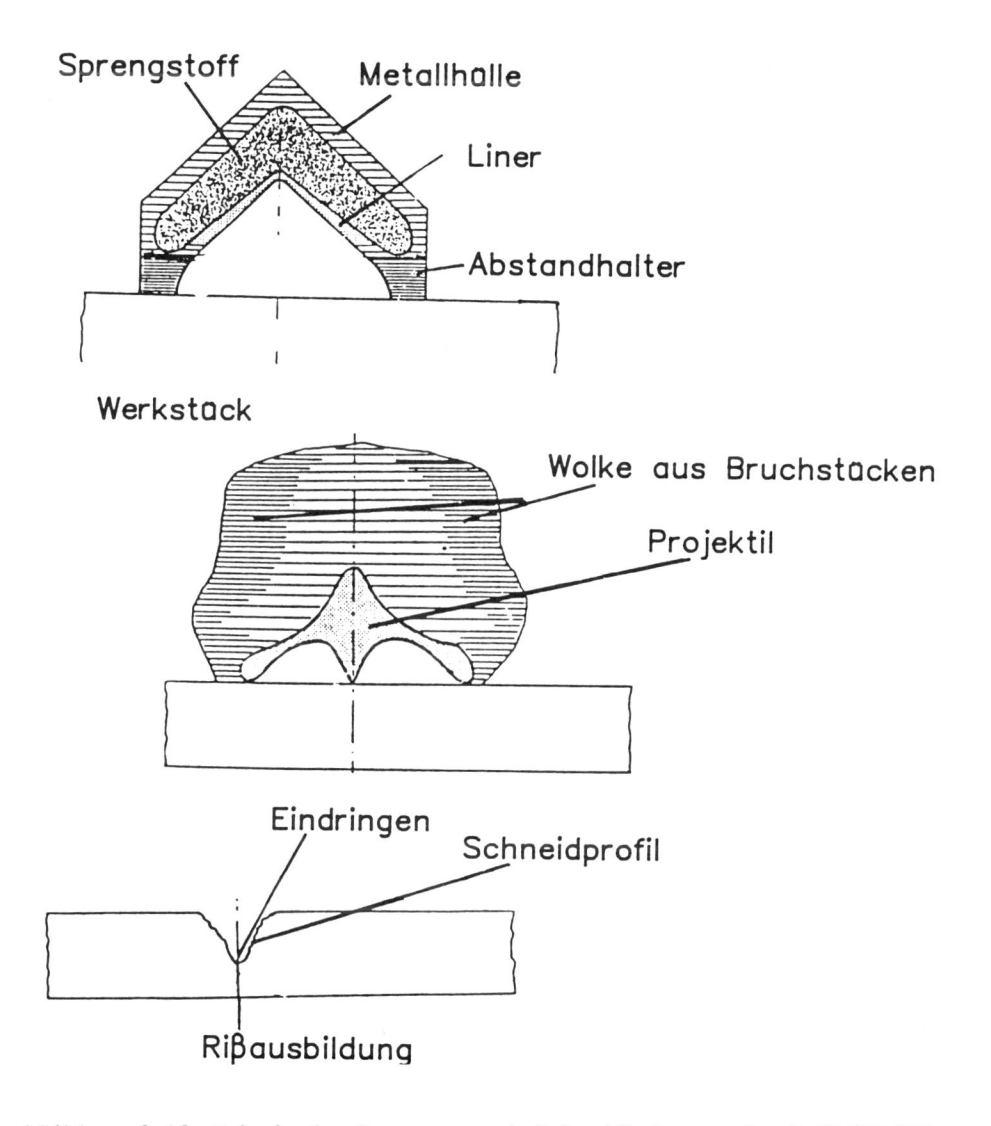

Abbildung 3.18: Prinzip des Sprengens mit Schneidladungen (nach [SCH 87])

Bei der Zerlegung von Betonstrukturen bieten die Verfahren des Sprengens mit Hohlladungen den Vorteil, daß komplette Betonblöcke inklusive der Stahlarmierung herausgelöst und verpackt werden können. Zeitaufwendige und personalaufwendige Lade- und Säuberungsarbeiten wie bei den Bohrlochsprengverfahren können dadurch verringert werden. Ggf. nachteilig wirkt sich jedoch aus, daß eine zwangsläufige Trennung der in der Regel höher aktivierten Stahlarmierung von der umgebenden Betonstruktur nicht erfolgt, so daß u.U. ein höherer Zwischen- bzw. Endlagerbedarf auftritt.

Weitere Entwicklungsarbeiten gelten der optimalen Stückigkeit des Haufwerkes und der Optimierung des Sprengstoffbedarfs. Denkbar ist die Ausnutzung der Tatsache, daß die aufzuwendende Energie bis zum spröden Bruch von Stahl weitaus geringer ist als die für das Erreichen des duktilen Bruches. Voraussetzung hierfür ist eine ausreichende Abkühlung des zu trennenden Materials. Da daraus ein erheblich geringerer Sprengstoffverbrauch resultiert, werden evtl. störende Auswirkungen auf andere Anlagenstrukturen begrenzt. Möglicherweise sind auch zweistufige Sprengverfahren (Vorkerben mit Sprengschnüren und endgültiges Trennen) vorteilhaft.

3.3 Dekontamination

3.3.1 Überblick

Vereinfachend können die Dekontaminationsarbeiten sowohl in der Betriebsphase als auch bei der Stillegung in zwei Gruppen eingeteilt werden.

Die erste umfaßt das "Tagesgeschäft" der Dekontamination (auch Routinedekontamination genannt). Dazu gehören die Entstrahlung von Werkzeug, Kleidung und Geräten sowie die Säuberung von Anlagenbereichen vor und nach der Durchführung von Arbeiten. In einem Stillegungsprogramm, bei dem umfangreiche Demontage- und Zerlegearbeiten anfallen, ist für die Routinedekontamination ein erheblicher Personalaufwand erforderlich. Die angewandten Techniken sind in der Regel einfach (Wischen, Waschen, Bürsten, Wasserstrahlen).

Technisch anspruchsvoller sind die Vorgänge im Bereich der Vor- und Systemdekontamination sowie der Freidekontamination[*], für die häufig auch

---

[*] Der Begriff "Freidekontamination" faßt solche Dekontaminationsmaßnahmen zusammen, mit denen Aktivität von Materialien entfernt wird, so daß sie "freigemessen" werden können (s. auch Kapitel 6).

zusammenfassend die Bezeichnung "Herabdekontamination" verwendet wird. Eine Herabdekontamination zielt darauf ab, nachfolgende Arbeiten durch eine Verringerung der Strahlenbelastung zu erleichtern oder erst zu ermöglichen bzw. eine schadlose Verwertung der Komponenten oder Anlagenteile vorzubereiten.

Ein Schema für die wichtigsten Entscheidungsprozesse im Bereich der Herabdekontamination zeigt Abbildung 3.19. In der Praxis treten kompliziertere Fälle auf, die aus diesem Schema nicht unmittelbar hervorgehen. Hier ist beispielsweise das Heraustrennen von Komponententeilen, die die Freigabekriterien nicht erfüllen, mit dem Ziel, eine schadlose Verwertung der übrigen Teile zu ermöglichen, zu nennen.

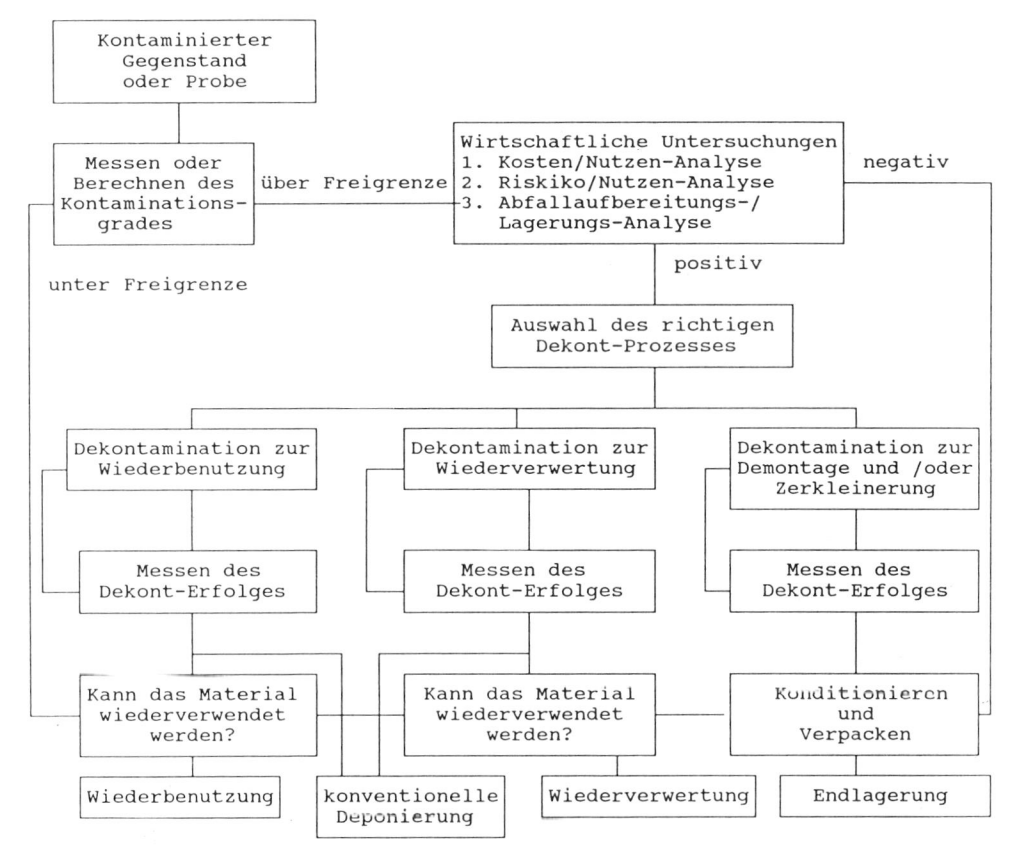

Abbildung 3.19: Dekontamination bei der Stillegung

Gebräuchliche Dekontaminationsverfahren sind in Tabelle 3.7 zusammengefaßt.

TECHNIKEN GERÄTE	VORTEIL	NACHTEIL	EINSATZBEREICH
Bürsten	einfach, billig, sehr geringe Abfallmengen, teilweise maschinell durchführbar	arbeitsintensiv, Staubentwicklung, Nachreinigung erforderlich	einzelne zugängliche Flächen mit lockerer Kontamination, örtlich gezielter Einsatz ggf. zusammen mit Scheuer- und Netzmitteln mit maschinellem Auftrag, Bürsten und Absaugen
Coating	einfaches Verfahren, billig		Versiegelung radioaktiv kontaminierter Komponenten
Dekontpaste	geringe Abfallmengen, guter DF (<100), Sekundärabfall ggf. noch verbrennbar, maschineller und fernbedienter Einsatz möglich	gute Zugänglichkeit erforderlich beim Auftragen, Auf- und Abtragen der Paste, Korrosion noch in der Entwicklung	für begrenzten, definierten Einsatz, Behälter, Komponenten mit zugänglichen Oberflächen
Flammstrahlen	geringe Kosten, hoher DF	starke Staub- und Aerosolentwicklung, aufwendige Filter	kontaminierte Betonoberflächen
Vibrationsschleifen	hoher DF, wenig Abfall	keine lackierten Teile, nur kleine Teile	Dekontamination von Werkzeugen
Mikrowellen			kontaminierte Betonoberflächen
Salzschmelze	sehr geringe Abfallmengen, guter DF (<100), versprühbar	Korrosion	Behälter, Komponenten, auch komplizierte Oberflächen
Säureschaum	leichte Füllung, versprühbar, Restschaum durch Nachspülen entfernbar	Korrosionsbildung, H_2-Bildung, teure Aufbereitung	Behälter, Komponenten, auch komplizierte Oberflächen
Saugen	einfaches Verfahren, teilweise maschinell durchführbar	nur für lockere Kontamination, gute Zugänglichkeit erforderlich, kleiner DF	lockere, trockene, staubförmige Beläge oder Staub- und Aerosolentwicklung, Grobdekontamination
Schaben	einfaches Verfahren, hoher DF, teilweise maschinell durchführbar	sehr arbeitsintensiv, Staubentwicklung	einzelne Teile, gezielter Einsatz an ebenen Flächen

Tabelle 3-7:   Dekontaminationstechniken (Teil 1)

TECHNIKEN GERÄTE	VORTEIL	NACHTEIL	EINSATZBEREICH
Schmirgeln Schleifen	sehr hoher DF, auch bei resistenten Belägen gut automatisierbar	arbeitsintensiv, Staubentwicklung	an vorwiegend ebenen Flächen oder größeren Rohren oder Behältern
Spritzen, Sprühen	örtlich gezielter Einsatz, gut dosierbar, geringe Kosten, einfache Anwendung	nur für abwischbare Kontamination, große Aufbereitungsmengen, Dampf- und Nebelbildung	mit Dampf, Heißwasser, Wasser für Komponenten und Behälter
Strahlen	hoher DF, geringe Abfallmengen, einfache Anwendung	nur für gut zugängliche Flächen, Staubentwicklung, anschließende Absaugung oder Spülen	Beton, Stahl, im geschlossenen Kreislauf mit Sand, Stahlgries, auch zum Abtrag ganzer Oberflächenschichten
Tauchbeizen	einfache Anwendung, billig	relativ hohe Aufbereitungskosten, H_2-Bildung, Korrosion, kleiner DF	einzelne kleinere Teile mit lockerer Kontamination, evtl. wechselweise mit Säure und Lauge
Ultraschall	einfache Anwendung	relativ hohe Aufbereitungsmengen u. -kosten, Korrosion, H_2-Bildung, kleiner DF	kleinere Teile, zusammen mit chemischen Reagenzien, bei fettiger und staubiger Kontamination
Umwälzen	fernbedienbar, z.T. mit vorhandenen Systemen durchführbar, DF < 10	Korrosion, hohe Aufbereitungsmengen und -kosten, H_2-Bildung, wenig effektiv bei resistenter Kontamination	komplette Systeme, Teilsysteme, als erstes Verfahren zur Entfernung lockerer Ablagerungen
Wasserkanone	geringe Kontaminationsausbreitung	geringe Abtragsrate, großer Platzbedarf	schichtweise Entfernung von Oberflächen
Wischen	sehr einfaches Verfahren	sehr arbeitsintensiv	Kontaminationstest, bei lose haftender Kontamination

Tabelle 3.7: Dekontaminationstechniken (Teil 2)

Im Gegensatz zur Betriebsphase können bei der Stillegung wesentlich aggressivere Reagenzien zur Dekontamination eingesetzt werden, da ein anschließender Betrieb der behandelten Systeme nicht oder nur sehr begrenzt im Zuge weiterer Stillegungsmaßnahmen vorgesehen ist. Die Aggressivität und auch die Menge der einzusetzenden Reagenzien wird i.w. durch die nach der Dekontamination notwendige Aufbereitung und Konditionierung eingeschränkt.

3.3.2 Elektropolieren

Diese Dekontaminationstechnik hat durch erfolgreiche Anwendung eine erhebliche Bedeutung erlangt. Abbildung 3.20 zeigt schematisch die Wirkungsweise des Verfahrens. Das kontaminierte Werkstück aus Metall wird in einem Elektrolytbad (in der Regel hochprozentige Phosphorsäure) in Kontakt mit der Anode gebracht. Durch den Stromfluß in dieser elektrolytischen Zelle kommt es zu einem anodischen Abtrag, der zu einer Säuberung und Glättung der Oberfläche führt. Das Verfahren wird außerhalb der Kerntechnik seit langem zur Oberflächenpolitur von großen Metallflächen genutzt [ALL 78]. Die typische Anwendung besteht nun darin, kontaminierte Teile auszubauen und in den Elektrolyttank zur Reinigung zu bringen, wobei dieser sowohl stationär in einem Dekontbereich als auch "vor Ort" aufgestellt sein kann.

Die hohen erreichbaren Dekontaminationsfaktoren ermöglichen in vielen Fällen eine so weitgehende Reduktion der spezifischen Aktivität, daß die gereinigten Metalle als gewöhnlicher Schrott beseitigt werden können - für ein Stillegungsprogramm eine Perspektive von großem wirtschaftlichem Interesse. Im großen Maßstab wird dieses Ziel zur Zeit für kontaminierte Komponenten aus dem Maschinenhaus des abgeschalteten Kernkraftwerks Gundremmingen, Block A (KRB-A) verfolgt. Typische Bereiche der verfahrenstechnischen Parameter sind Temperaturen von 40° C - 80° C, es wird mit 40 % - 80 %ige Phosphorsäure, 8 - 12 V Spannung und Stromdichten von 50 - 250 mA/cm^2 gearbeitet. Typische Arbeitszeiten liegen bei 5 - 30 min, bei Freidekontaminationen möglicherweise jenseits 1 h.

Nachteile, die allerdings technisch beherrschbar sind, ergeben sich durch den Umgang mit konzentrierten Säuren und durch den entstehenden Wasserstoff sowie im Bereich der Aufarbeitung der Flüssigabfälle.

Die ausgezeichneten Dekontaminationserfolge haben zu modifizierten Anwendungen dieses Verfahrens in-situ geführt. So wurde vom EIR/Würenlingen (Schweiz) eine Methode zur Probenahme an Metalloberflächen auf der Basis des Elektropolierens entwickelt, welches mit Erfolg bei der Stillegung der "Otto Hahn" eingesetzt wurde (Abbildung 3.21). Der Elektrolyt ist in Schwämmen unterschiedlicher Größe enthalten, durch sukzessive Anwendung auf die Oberfläche können Proben aus unterschiedlichen Tiefen genommen werden.

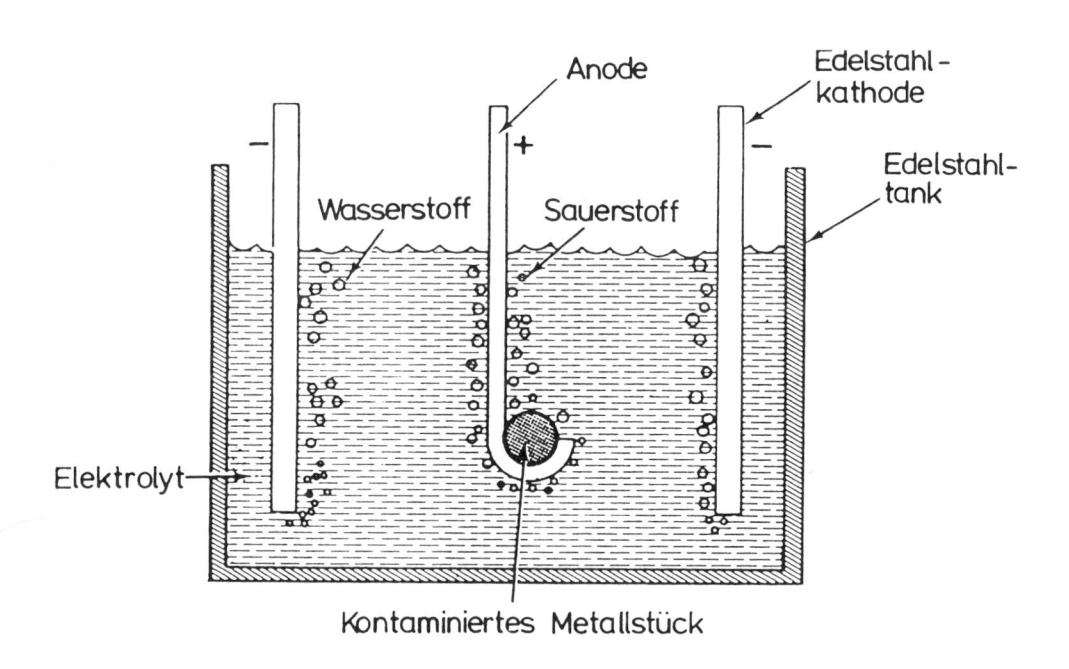

Abbildung 3.20: Prinzip des Elektropolierens - Oberflächenabtrag in einer elektrolytischen Zelle

1,2,3,4 Elektrolytschwämme und dazugehörige Abtragsmulden

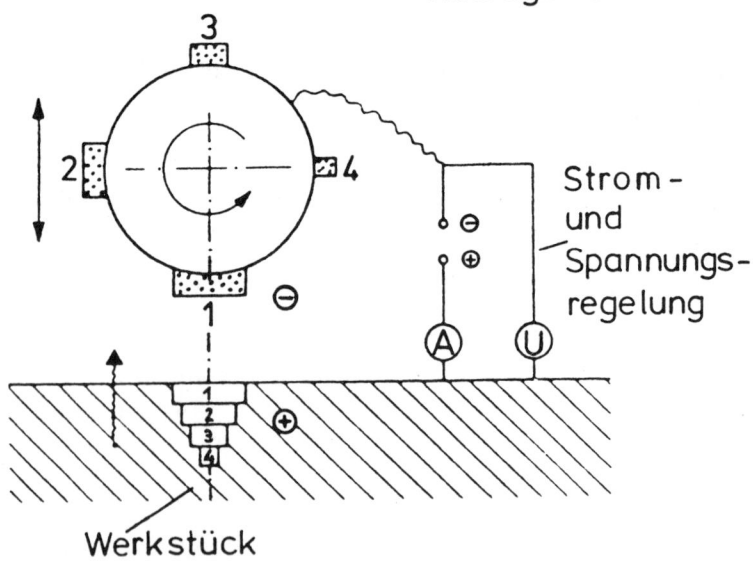

Abbildung 3.21: Probenahme mit elektroylytischem Abtrag (nach [SCH 83])

Eine Weiterentwicklung dieses Verfahrens läßt die innenseitige Dekontamination ganzer Rohrleitungen zu [BER 83]. Andere in-situ Methoden wurden von Batelle North West entwickelt ([ALL 78], [MAN 80], [ALL 82]), wobei der Elektrolyt entweder auf die zu reinigende Fläche gespritzt (pumped stream) oder in isolierten Behältern (contact), die zur Werkstückseite geöffnet sind, gehalten wird. Damit wurden erfolgreich Außenflächen sowie das Innere von Tanks und Rohren (fernbediente Handhabung) dekontaminiert.

3.3.3 Chemische Dekontamination

Im Stillegungsprojekt JPDR wurde eine besondere Säurebehandlung, das Schwefel-Säure-Cer (IV) Verfahren (SC-Verfahren), entwickelt. Zur Ablösung der radioaktiven Korrosionsschichten des JPDR, die in dieser Form in anderen Siedewasserreaktoren nicht auftreten, ist es notwendig, das in den Korrosionsschichten vorhandene Chrom zu oxidieren. Als Oxidationsmittel dient dabei Cer (IV), das nach der Dekontamination in einem Kreislauf regeneriert wird. Mit diesem Verfahren wurden Dekontaminationsfaktoren von etwa 10^3 erreicht. Es sollen vor allem solche Komponenten behandelt werden, deren komplexe Oberflächenstruktur ein wirkungsvolles und wirtschaftliches Elektropolieren nicht zuläßt.

In der ausgeführten Version der Anlage faßt der Dekontaminationsbehälter 800 l Säure. Als Schutzschicht zur Vermeidung von Korrosion durch Cer (IV) sind der Behälter mit Zirkonium und die Rohrleitungen mit Glas ausgekleidet.

Bei einem weiteren mechanisch und chemisch wirkenden Dekontaminationsverfahren, welches z.Z. entwickelt wird, werden in einer chemischen Lösung Abrasive zugesetzt, so daß die inneren Kontaminationsschichten von Rohrleitungen während des Umpumpens der Lösung auch mechanisch gelöst werden. Untersucht werden die Einflüsse verschiedener Korngrößen und Materialarten, des Volumenstroms und der Temperatur der Lösung auf die erzielbaren Dekontaminationsfaktoren.

In [AHL 90] wird über die Dekontamination einer Primärdampfleitung in der stillgelegten Siedewasserreaktoranlage Lingen berichtet. Dabei wurde neben der Entfernung der Oxidschicht, die 99 % der Aktivität enthält, das Grundmaterial etwa 100 μm tief abgetragen, da durch Korngrenzendiffusion Aktivität bis in diese Tiefe eingedrungen war.

Dazu wurden zwei Behandlungszyklen angewandt; der erste diente der Entfernung der Oxidschicht und beruhte auf drei Behandlungsschritten (1. LOMI-Lösung, Kaliumpermanganat, Oxalsäure) bei Temperaturen von jeweils ca. 90° C, im zweiten wurde das Grundmaterial mit einem Säuregemisch aus HCl und HNO_3 entfernt.

Die Dekontamination war ausgesprochen erfolgreich. Die erreichte Restkontamination lag unter 0,5 Bq/cm². Das Verfahren ist anwendbar auf hochlegierte

Stähle und kann beispielsweise auch in 1300 MWe DWR-Anlagen Anwendung finden. Es wird in [AHL 90] darauf hingewiesen, daß die Durchführung einer solchen Dekontamination unmittelbar im Anschluß an die endgültige Abschaltung wegen der dann noch gegebenen Verfügbarkeit von Systemen und Einrichtungen möglicherweise sinnvoller ist als später in der stillgelegten Anlage.

3.3.4 Mechanische Betondekontaminationsverfahren

Eine Übersicht über die wesentlichen Verfahren und eine Beschreibung der Wirkungsprinzipien sind in [MAN 80] enthalten, so daß an dieser Stelle auf eine ausführliche Beschreibung dieser Verfahren verzichtet wird. Hingewiesen sei jedoch auf einige neuere Entwicklungen und einige Vergleichsergebnisse zur Auswahl besonders geeigneter Verfahren.

In Tabelle 3.8 werden verschiedene mechanische Dekontaminationsverfahren gegenübergestellt. Wegen ihres hohen Gewichts sind Nagelhämmer und Hobel zur Dekontamination von Wänden nicht besonders geeignet. In engen Bereichen (wie z.B. Ecken) erweisen sich der handgeführte Preßlufthammer bzw. die verschiedenen Brechertypen als geeigneter, obwohl die Flächenleistung dieser Verfahren wegen des einzelpunktweisen Eingriffs in die Oberfläche gegenüber der anderer Verfahren zurückbleibt. Das Stahlgrießstrahlverfahren hat nur eine geringe Flächenleistung und eine vergleichsweise große Sekundärabfallmenge, andererseits kann es wie die handgeführten Verfahren in Sonderbereichen eingesetzt werden.

Ein weiteres Verfahren, dessen Wirkungsweise seit längerer Zeit bekannt ist und das in ähnlicher Form in der Bautechnik angewandt wird, wird in [FUN 87] vorgestellt: die Betonoberfläche wird von einer mit kleinen Meißeln besetzten Walze trocken abgetragen. Der Vorteil des Verfahrens liegt zum einen darin, daß eine in etwa plane Oberfläche geschaffen wird und die Abtragstiefe im mm-Bereich gewählt werden kann. Zum anderen werden durch die Möglichkeit, den entstehenden Staub direkt am Ort der Entstehung abzusaugen, Rekontamination

Verfahren	Energie	Mechanismus der Betonentfernung	Abtragungstiefe bei einmaligem Bearbeiten [mm]	Abtragungsvolumenstrom [m^3/h]
Mikrowellen	Elektr.	Abplatzen wegen Dampfdruck	15 - 30	$40 \cdot 10^{-3}$
Nagelhammer	Druckluft	Auftreffen von Stahl	3 - 7	$40 \cdot 10^{-3}$
Hobel	Elektr.	Abtragen durch Schneidblätter	2 - 4	$30 \cdot 10^{-3}$
Handbrecher	Druckluft	Auftreffen von Stahl	5 - 10	$20 \cdot 10^{-3}$
Stahlgrießstrahlen	Druckluft	Stahlkugelchen	1 - 5	$1 \cdot 10^{-3}$

Tabelle 3-8: Vergleich zwischen verschiedenen Betondekontaminationsverfahren, mit denen Beton entfernt wird (nach [JON 87])

und Aktivitätsausbreitung durch Kühlflüssigkeit vermieden. Die großtechnische Anwendung dieses Verfahrens steht noch aus, die Anwendung auf metallische Oberflächen scheint nach ersten Versuchen ebenfalls möglich.

3.3.5 Mikrowellenstrahlung

Dieses Verfahren wurde in dem JPDR-Projekt entwickelt. Ein Mikrowellenstrahler wird unmittelbar auf die Betonoberfläche gerichtet. Durch eine sehr schnelle Verdampfung des im Beton enthaltenen Wassers wird eine dünne Schicht abgesprengt (Abbildung 3.22). Der Betonschutt muß anschließend aufgenommen und verpackt werden. Der apparative Aufwand ist hoch, z.Z. können in einem Arbeitsgang nur relativ kleine Flächen bearbeitet werden, die Transportfähigkeit ist eingeschränkt, es entstehen erhebliche Staubmengen. Zur Dekontamination von Ecken und Kanten soll ein kleiner Spezialkopf entwickelt werden. In Tabelle 3.8 wird dieses Verfahren den zuvor erwähnten mechanischen Verfahren gegenübergestellt.

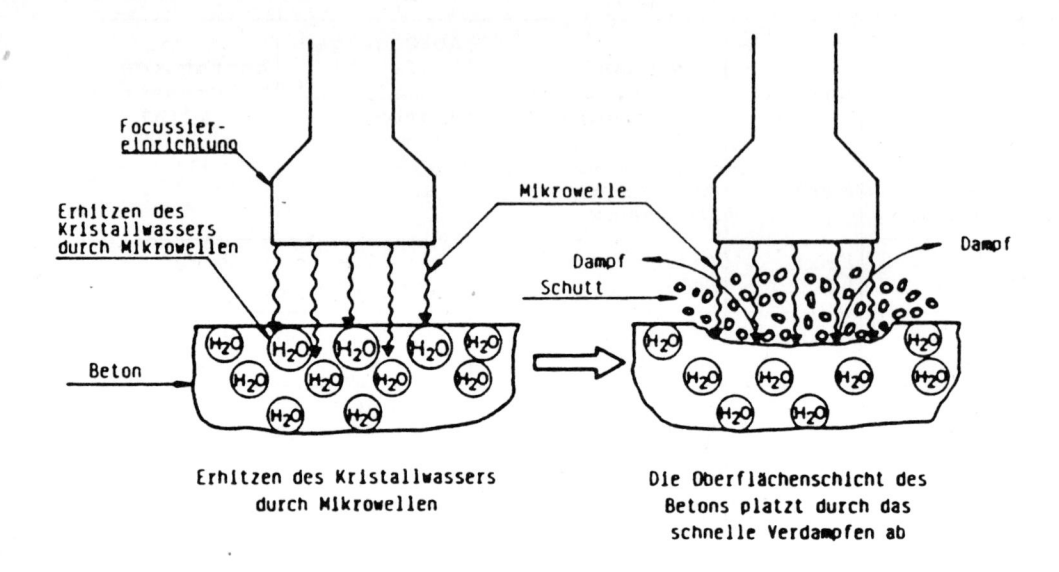

Abbildung 3.22: Prinzip des Betonabtrages durch Mikrowellenstrahlung [TAC 85]

4. STILLEGUNGSERFAHRUNGEN UND -KONZEPTE

4.1 Gewählte Darstellung und Auswahl der Fallbeispiele

Im folgenden werden in kompakter Form wichtige Informationen zu Stillegungserfahrungen und -konzepten zusammengestellt. Es wurde eine tabellarische Darstellungsform gewählt. Die Informationen sind jeweils in sieben Kategorien eingeteilt:

- Daten zur Anlage (ANL)

- Status des Stillegungsprojekts (STA)

- Stillegungsvariante (VAR)

- Aktivitätsinventar (INV)

- Kenngrößen des Stillegungsprojekts (KGR)

- Eingesetzte Techniken (TEC)

- Projektbesonderheiten (BES)

Die folgenden Projekte wurden als Fallbeispiele ausgewählt:

- Elk River Reactor

- Sodium Reactor Experiment

- R1-Reaktor

- Kernenergieforschungsschiff "Otto Hahn"

- Kernkraftwerk Niederaichbach

- Japanese Power Demonstration Reactor

- Shippingport Atomic Power Station

- Kernkraftwerk Lingen

- AVR

- Kernkraftwerk Gundremmingen Block A

- Windscale Advanced Gas-Cooled Reactor

- Pilotwiederaufarbeitungsanlage AT-1

- BR-3 Reaktor

Folgende Leitlinien waren bei der Auswahl der Fallbeispiele bestimmend:

- Alle wichtigen Stillegungsvarianten sollten repräsentiert sein.

- Der Schwerpunkt liegt auf deutschen Anlagen.

- Das breite Spektrum der unterschiedlichen kerntechnischen Einrichtungen, für die Stillegungserfahrungen vorliegen, soll deutlich werden.

- Der Stand des technisch Erreichten soll im Hinblick auf die zukünftigen Erfordernisse erkennbar werden.

A N L	Kurzbezeichnung	: Elk River Reactor (ERR)
	Standort, Land	: Elk River, Minnesota, USA
	Anlagentyp	: SWR
	Leistung, Durchsatz	: 22 MWe
S T A	endgültig abgeschaltet	: Januar 1968
	Stand des Projekts	: abgeschlossen (Durchführung 1972-1974)
V A R	Totale Beseitigung	
I N V	aktiviert	: ca. $3 \cdot 10^{14}$ Bq
	kontaminiert	: ---
K G R	Kosten	: ---
	Personalaufwand	: ---
	Personalbelastung	: 0,75 Personen-Sv
	Abfallmenge	: ---
T E C	Entwicklung eines Manipulators für das fernbediente Plasmaschneiden von Einbauten unter Wasser und Reaktordruckbehälter (75 mm Wandstärke) in Luft, sprengtechnische Zerlegung des Biologischen Schildes	
B E S	Weltweit die erste Totalbeseitigung!	

Tabelle 4.1: Daten zur Stillegung Elk River Reactor [UPA 74]

A N L	Kurzbezeichnung	: Sodium Reactor Experiment (SRE)
	Standort, Land	: Santa Monica, Californien, USA
	Anlagentyp	: natriumgekühlt, graphit-moderiert
	Leistung, Durchsatz	: 20 MW$_{th}$
S T A	endgültig abgeschaltet	: 1967
	Stand des Projekts	: abgeschlossen (Durchführung 1974-1982)
V A R	Totale Beseitigung	
I N V	aktiviert	: ---
	kontaminiert	: ---
K G R	Kosten	: ---
	Personalaufwand	: ---
	Personalbelastung	: 0,75 Personen-Sv
	Abfallmenge	: ---
T E C	Fernbediente, manipulatorgeführte Zerlegung von RDB und Einbauten mit Plasmabrenner, einige geometrische komplizierte Einbauten wurden mit fernbedient plazierten Hohlladungen gesprengt, Biologischer Schild wurde mit hydraulischer Ramme abgebaut	
B E S	"Mock-up" Training der Bedienungsmannschaft für Zerlegung mit Plasmabrenner	

Tabelle 4.2: Daten zur Stillegung Sodium Reactor Experiment [KIT 82]

A N L	Kurzbezeichnung	: R1-Reaktor
	Standort, Land	: Stockholm, Schweden
	Anlagentyp	: schwerwassermoderiert/ Natururan
	Leistung, Durchsatz	: 1 MW$_{th}$
S T A	endgültig abgeschaltet	: 1970
	Stand des Projekts	: abgeschlossen
V A R	Totale Beseitigung	
I N V	aktiviert	: 10^{12} Bq
	kontaminiert	: ---
K G R	Kosten	: ---
	Personalaufwand	: ---
	Personalbelastung	: 0,12 Personen-Sv
	Abfallmenge	: ---
T E C	Hydraulischer Meißel zum Abbau des Biologischen Schildes	
B E S	Kenngrößen typisch für die Beseitigung kleinerer Forschungsreaktoren	

Tabelle 4.3: Daten zur Stillegung R1-Reactor [GÖR 85]

A N L	Kurzbezeichnung	: Kernenergieforschungs-schiff "Otto Hahn"
	Standort, Land	: Heimathafen Hamburg
	Anlagentyp	: Druckwasserreaktor
	Leistung, Durchsatz	: 38 MW_{th}
S T A	endgültig abgeschaltet	: ---
	Genehmigung erteilt	: 1980
	Stand des Projekts	: abgeschlossen, 1982
V A R	Totale Beseitigung (aller radioaktiven Stoffe) Wiederverwendung des Schiffs mit konventionellem Antrieb	
I N V	aktiviert	: 10^{15} Bq
	kontaminiert	: ca. 10^{11} Bq
K G R	Kosten	: 25 Millionen DM
	Personalaufwand	: ca. 730 000 Mannstunden
	Personalbelastung	: 0,30 Personen-Sv
	Abfallmenge	: 20 Container à 8 m^3 mit 180 Mg 330, 400 l Fässer mit 125 Mg
T E C	Der Reaktordruckbehälter mit Einbauten und äußerem Abschirmtank wurde als Einheit unzerlegt abtransportiert (480 Mg). Die Einheit wurde zu Wasser und zu Land in das Forschungszentrum Geesthacht für Nachuntersuchungen gebracht.	
B E S	Die Stillegungsgenehmigung wurde nach § 3 der StrlSchV erteilt. 375 Mg Anlagenteile (<u>ohne</u> das Schiff selbst) wurden freidekontaminiert!	

Tabelle 4.4: Daten zur Stillegung der "Otto Hahn" [HEN 83] [LET 82]

A N L	Kurzbezeichnung	: KKN
	Standort, Land	: Niederaichbach, Bayern
	Anlagentyp	: Druckröhrenreaktor, CO_2-gekühlt, schwerwassermoderiert
	Leistung, Durchsatz	: 100 MWe
S T A	endgültig abgeschaltet	: 1974
	Stand des Projekts	: in der Ausführung, vorauss. abgeschlossen 1992
V A R	Totale Beseitigung (nach sicherem Einschluß in den Jahren 1982 - 1986)	
I N V	aktiviert	: $7 \cdot 10^{13}$ Bq (Metall: $7 \cdot 10^{13}$ Bq, Beton: 10^{10} Bq)
	kontaminiert	: ca. 10^{10} Bq
K G R	Kosten	: 180 Millionen DM
	Personalaufwand	: ---
	Personalbelastung	: 3 Personen-Sv
	Abfallmenge	: ca. 2000 Mg
T E C	Sprengtechnische Zerlegung des Biologischen Schildes, Entwicklung eines Manipulators zur Zerlegung der geometrisch komplizierten Metalleinbauten in Luft, Einsatz einer automatisierten Freimeßanlage auf der Basis einer Gesamt-γ-Messung.	
B E S	Zeitaufwendiges atomrechtliches Genehmigungsverfahren (1982-1986), Kostensteigerung im Verlauf des Projekts.	

Tabelle 4.5: Daten zur Stillegung KKN [LÖS 84] [LÖS 88] [BIR 90]

A N L	Kurzbezeichnung	: Japanese Power Demonstration Reactor (JPDR)
	Standort, Land	: Tokio Mura, Japan
	Anlagentyp	: SWR
	Leistung, Durchsatz	: 12,5 MWe
S T A	endgültig abgeschaltet	: 1976
	Genehmigungsantrag Stillegung	: 1982
	Genehmigung erteilt	: 1985
	Stand des Projekts	: in der Durchführung, beendet vorauss. Anf. 1993
V A R	Totale Beseitigung	
I N V	aktiviert	: $1,7 \cdot 10^{14}$ Bq
	kontaminiert	: $5 \cdot 10^{10}$ Bq
K G R	Kosten	: 243 Millionen DM
	Personalaufwand	: 73000 Manntage
	Personalbelastung	: 0,5 Personen-Sv
	Abfallmenge	: 3300 200 l-Faßäquival.
T E C	Einsatz zahlreicher weiter- bzw. neuentwickelter Techniken, wie z.B. Lichtbogensäge, Plasmabrenner, sprengtechnische Zerlegung mit fernbedienter Ladungsplazierung in Rohrleitungen, Abrasivwasserstrahlschneiden von kontaminiertem Beton, Dekontamination von Betonoberflächen mit Mikrowellen	
B E S	Demonstrationsprojekt für Stillegungstechniken und Machbarkeit der Stillegung	

Tabelle 4.6:   Daten zur Stillegung JPDR [JAP 87] [JAP 88] [JAP 90]

ANL	Kurzbezeichnung	: Shippingport Atomic Power Station (SAPS)
	Standort, Land	: Shippingport, Ohio, USA
	Anlagentyp	: Druckwasserreaktor
	Leistung, Durchsatz	: 72 MWe
STA	endgültig abgeschaltet	: 1982
	Stand des Projekts	: abgeschlossen (1985 - 1990)
VAR	Totale Beseitigung	
INV	aktiviert	: $5,3 \cdot 10^{14}$ Bq
	kontaminiert	: $9 \cdot 10^{11}$ Bq
KGR	Kosten	: 187 Millionen DM
	Personalaufwand	: ---
	Personalbelastung	: 1,55 Personen-Sv
	Abfallmenge	: 2200 m³, 4200 Mg
TEC	Abtransport des abgeschirmten RDB als Schwertransport (ca. 800 Mg) auf dem Wasserweg nach Hanford zum oberflächennahen Vergraben.	
BES	Das Projekt diente schwerpunktmäßig der Verbesserung der Planungsbasis für Stillegungen.	

Tabelle 4.7: Daten zur Stillegung SAPS [SCH 90] [SCH 85]

A N L	Kurzbezeichnung	: Kernkraftwerk Lingen (KWL)
	Standort, Land	: Lingen, Emsland
	Anlagentyp	: SWR
	Leistung, Durchsatz	: 250 MWe
S T A	endgültig abgeschaltet	: 1977
	Genehmigungsantrag Stillegung	: 1983
	Genehmigung erteilt	: 1985
	Stand des Projekts	: derzeit Betrieb SE
VAR	Herbeiführung des sicheren Einschlusses für ca. 25 Jahre	
INV	aktiviert	: $2 \cdot 10^{16}$ Bq
	kontaminiert	: $4 \cdot 10^{13}$ Bq
KGR	Kosten	: ---
	Personalaufwand	: ---
	Personalbelastung	: ---
	Abfallmenge	: ---
TEC	Dekontamination einer Kühlmittelleitung	
BES	F+E-Vorhaben zur Inventarbestimmung und Dekontamination	

Tabelle 4.8:   Daten zur Stillegung KWL [KWL 82] [HAR 90]

A N L	Kurzbezeichnung	: Atomarer Versuchsreaktor (AVR)
	Standort, Land	: Jülich, Nordrhein-Westfalen
	Anlagentyp	: Hochtemperaturreaktor, heliumgekühlt, kugelförmige Brennelemente
	Leistung, Durchsatz	: 15 MWe
S T A	endgültig abgeschaltet	: 1988 (Einstellung des Leistungsbetriebs)
	Genehmigungsantrag Stillegung	: 1987
	Genehmigung erteilt	: ---
	Stand des Projekts	: im atomrechtlichen Genehmigungsverfahren
V A R	Sicherer Einschluß mit Teilbeseitigung	
I N V	aktiviert	: ca. 10^{16} Bq
	kontaminiert	: 10^{14} Bq
K G R	Kosten	: ---
	Personalaufwand	: ---
	Personalbelastung	: ca. 2 Personen-Sv
	Abfallmenge	: ---
T E C		
B E S	Entladung des Kerns ist durch die Betriebsgenehmigung nicht abgedeckt und erfolgt im Rahmen der Stillegung. Aus der Sicht des Strahlenschutzes stellt die Kontamination von Systemen durch aktiven Graphitstaub ein besonderes Problem dar.	

Tabelle 4.9: Daten zur Stillegung AVR [GÖR 90]

A N L	Kurzbezeichnung	: Kernkraftwerk Gundremmingen Block A (KRB-A)
	Standort, Land	: Gundremmingen, Bayern
	Anlagentyp	: SWR
	Leistung, Durchsatz	: 250 MWe
S T A	endgültig abgeschaltet	: 1977
	Stillegungsbeschluß	: 1980
	Genehmigung erteilt	: 1983
	Stand des Projekts	: abgeschlossen
VAR	Teilbeseitigung Maschinenhaus	
I N V	aktiviert	: ---
	kontaminiert	: $4 \cdot 10^{10}$ Bq : (nur Maschinenhaus)
K G R	Kosten	: ---
	Personalaufwand	: ---
	Personalbelastung	: ca. 0,9 Personen-Sv
	Abfallmenge	: 72 Mg
TEC	Elektropolieren zur Freidekontamination, F+E-Vorhaben zu Zerlegetechniken (elektrolytisches Schneiden) sowie zur Bestimmung des Aktivitätsinventars.	
BES	Diese Angaben beziehen sich auf die erste Projektphase "Maschinenhaus". Seit 1989 wird im Rahmen des 2. Ergänzungsbescheides an Demontagen im Reaktorgebäude gearbeitet, die aktivierten Teile sind davon jedoch ausgenommen.	

<u>Tabelle 4.10:</u>   Daten zur Stillegung KRB-A [STA 87] [STE 90] [STA 90]

A N L	Kurzbezeichnung	: Windscale Advanced Gas-Cooled Reactor (WAGR)
	Standort, Land	: Sellafield, Großbritannien
	Anlagentyp	: Gasgekühlter, graphitmoderierter Reaktor
	Leistung, Durchsatz	: 200 MW_{th}
S T A	endgültig abgeschaltet	: 1981
	Stand des Projekts	: in der Durchführung, vorauss. 1998 beendet
V A R	Totale Beseitigung	
I N V	aktiviert	: ca. $7 \cdot 10^{15}$ Bq
	kontaminiert	: ca. $3 \cdot 10^{12}$ Bq
K G R	Kosten	: ---
	Personalaufwand	: ---
	Personalbelastung	: ---
	Abfallmenge	: ---
T E C	Entwicklung einer fernbedienten Zerlegemaschine für die aktivierten kernnahen Einbauten	
D E S	Angrenzend an das Reaktorgebäude wurde ein Gebäude für die Abfallbehandlung errichtet. Das Projekt ist eines der 4 Demonstrationsprojekte der Europäischen Gemeinschaft im Forschungsprogramm Stillegung 1989 - 1993.	

Tabelle 4.11: Daten zur Stillegung WAGR [THO 88] [LAW 84]

A N L	Kurzbezeichnung	: AT-1
	Standort, Land	: La Hague, Frankreich
	Anlagentyp	: MOX-Wiederaufarbeitungsanlage
	Leistung, Durchsatz	: 2 kg/Tag
S T A	Genehmigung erteilt	: 1981
	Stand des Projekts	: kurz vor dem Abschluß, vorauss. 1992
V A R	Totale Beseitigung (aller radioaktiven Stoffe) Wiederverwendung von Gebäuden nach uneingeschränkter Freigabe vorgesehen	
I N V	aktiviert	: ---
	kontaminiert	: ---
K G R	Kosten	: ---
	Personalaufwand	: ---
	Personalbelastung	: ---
	Abfallmenge	: ---
TEC	Einsatz einer α-dichten modularen Zerlegezelle für Zellen und Handschuhkästen, zur fernbedienten Demontage von heißen Zellen wurde eine Maschine mit 6 m langem Manipulatorarm entwickelt (ATENA).	
BES	Das Projekt ist eines der 4 Demonstrationsprojekte der Europäischen Gemeinschaft im Forschungsprogramm 1989 - 1993.	

Tabelle 4.12: Daten zur Stillegung AT-1 [BER 87]

A N L	Kurzbezeichnung	: BR-3
	Standort, Land	: Mol, Belgien
	Anlagentyp	: Druckwasserreaktor
	Leistung, Durchsatz	: 11,7 MWe
S T A	endgültig abgeschaltet	: 1987
	Stand des Projekts	: in der Ausführung
V A R	Abbau des RDB, der RDB-Einbauten und des Primärkreises, es liegen keine Angaben über die Vorgehensweise im Hinblick auf die Gesamtanlage vor.	
I N V	aktiviert	: ---
	kontaminiert	: ---
K G R	Kosten	: ---
	Personalaufwand	: ---
	Personalbelastung	: ---
	Abfallmenge	: ---
T E C	Zerlegung der RDB-Einbauten : Vergleich Trennscheiben und Plasmabrenner für spezielle Zerlegeaufgaben: Funkenerosionsverfahren.	
B E S	Das Projekt ist eines der 4 Demonstrationsprojekte der Europäischen Gemeinschaft im Forschungsprogramm 1989 - 1993.	

Tabelle 4.13: Daten zur Stillegung BR-3 [BER 87]

4.2 Diskussion der vorliegenden Projekterfahrungen

Die in den Tabellen 4.1 bis 4.13 zusammengestellten Fallbeispiele zeigen, daß weltweit bereits beträchtliche Stillegungserfahrungen vorliegen. Insgesamt sind derzeit ca. 200 kerntechnische Anlagen endgültig außer Betrieb gesetzt. Die große Mehrzahl davon sind Kernkraftwerke. Daneben sind Anlagen des Kernbrennstoffkreislaufs und Forschungsreaktoren stillgelegt worden. Stellvertretend für die letztgenannte Gruppe stehen unter den Fallbeispielen die Mischoxid-Wiederaufarbeitungsanlage AT-1 (Tabelle 4.12) und der Forschungsreaktor R1 (Tabelle 4.3). Die elf Kernkraftwerke sind in ihrer Mehrzahl Anlagen kleiner Leistung im Vergleich zu Kernkraftwerken moderner Bauart, die im Bereich von 1000 - 1300 MWe liegen. KWL und KRB-A gehören mit ca. 250 MWe zu den größten Anlagen, die bereits stillgelegt wurden.

Es wurden alle Stillegungsvarianten praktiziert. Im Hinblick auf den Nachweis der Machbarkeit der Stillegung zu begrenzten Kosten, mit überschaubaren Mengen radioaktiver Abfälle und einer Personalbelastung, die eher geringer als die betriebliche Belastung ist, sind die Projekte mit dem Ziel der totalen Beseitigung (Elk River Reactor, Sodium Reactor Experiment, KKN, JPDR, Shippingport, WAGR, AT-1, Otto Hahn, R1) von besonderer Bedeutung. Demgegenüber sind in der vorliegenden Zusammenstellung die Anlagen, die in den Sicheren Einschluß überführt werden, mit KWL und AVR unterrepräsentiert. Hier ist darauf hinzuweisen, daß KKN nach seiner endgültigen Abschaltung zunächst ebenfalls in den Sicheren Einschluß überführt worden war.

Nimmt man die historisch erste Totalbeseitigung eines Kernkraftwerks im Falle des Elk River Reactor (Tabelle 4.1) als Referenz, so stellen die übrigen Totalbeseitigungen vom radiologischen und technischen Schwierigkeitsgrad kaum einen signifikanten Fortschritt im Hinblick auf die Zukunftsaufgaben dar (siehe Kapitel 4.3).

Die Personalbelastung ist in allen Fällen vertretbar und liegt tendenziell unter der betrieblichen Belastung (siehe Kapitel 5).

Die Angaben zu den Kosten sind naturgemäß unvollständig und aufgrund der unterschiedlichen Projektrandbedingungen und Kostenrechnungsarten kaum vergleichbar. Sie liegen im Bereich von 10 Millionen DM für kleinere Forschungsanlagen, bis zu ca. 200 Millionen für größere Anlagen. Für eine ausführliche Diskussion von Stillegungskosten sei auf die Publikation [VOL 91] verwiesen.

Die Abfallmengen sind wegen der unterschiedlichen Genehmigungsrandbedingungen für Verwertung, konventionelle Beseitigung und radioaktive Abfälle ebenfalls kaum vergleichbar. Zur Orientierung über die deutsche Situation kann das Aufkommen radioaktiver Abfälle im Falle KKN (Tabelle 4.5) herangezogen werden. Die angegebene Menge von 2000 Mg beträgt ca. 1,5 % der gesamten Kontrollbereichsmasse von 130000 Mg (siehe dazu speziell Kapitel 6).

Aus den vorliegenden Projekterfahrungen resultieren wertvolle Hinweise auf die praktische Eignung bestimmter Stillegungstechniken, auf die ausführlich in Kapitel 3 eingegangen wurde. Auf die bereits demonstrierten Lösungen zweier zentraler Stillegungsprobleme, den Abbau des Biologischen Schildes und die Zerlegung des Reaktordruckbehälters, sei beispielhaft kurz eingegangen. Für den Abbau des Biologischen Schildes stehen im wesentlichen drei Methoden zur Verfügung: Sprengen, Sägen, Abrasivwasserstrahlschneiden. Diese Methoden wurden bereits demonstriert bzw. stehen kurz vor der Demonstration in aktuellen Projekten (Elk River Reactor, KKN, JPDR). Weitaus weniger Erfahrung liegt mit der Zerlegung dickwandiger Reaktordruckbehälter vor. Zwar stehen die Verfahren zur Verfügung (siehe Kapitel 3), es besteht jedoch Optimierungsbedarf. Darauf deuten Stillegungsprojekte hin, in denen der RDB unzerlegt abtransportiert wurde (Shippingport, Otto Hahn). Der aktuelle Stand der RDB-Zerlegung wird in [WAT 90] eingehend diskutiert.

Die Gesamtheit der Stillegungserfahrungen liefert die industrielle Datenbasis für die Planung zukünftiger Projekte und die zugehörige Bestimmung von Kosten, Abfallmengen, Strahlenbelastung des Personals und weiterer Kenngrößen.

4.3 Ausblick auf die zukünftigen Stillegungsaufgaben

Die bisherige Diskussion hat gezeigt, daß direkte Erfahrungen mit Stillegung und Beseitigung von Kernkraftwerken moderner Bauart und großer Leistung nicht vorliegen. Im Hinblick auf das Erfordernis der Stillegungskostenrückstellung und aus Gründen der Vorsorge wurde die Stillegung dieser Anlagen im Auftrage der Vereinigung Deutscher Elektrizitätswerke (VDEW) konzeptionell untersucht ([WAT 87], [WAT 90]). Wichtige Ergebnisse dieser Untersuchungen sind in den Tabellen 4.14 und 4.15 angegeben.

Bezüglich der Kosten ist hervorzuheben, daß die ermittelten Summen ca. 10 % der Baukosten entsprechender Anlagen ausmachen. Ihr Anteil an den Stromerzeugungskosten ist klein [WAT 87]. Im Falle des SWR sind Kosten und Abfallmengen höher als beim DWR, da in diesem Fall auch das Maschinenhaus zum Kontrollbereich gehört. Die radioaktiven Abfallmengen machen ca. 2 % der gesamten Kontrollbereichsmasse aus.

Es sei darauf hingewiesen, daß in der VDEW-Studie [WAT 87] auch die Stillegungsvariante "Herbeiführung Sicherer Einschluß/30 Jahre Einschluß/Beseitigung" untersucht wurde. Dabei ergeben sich für beide Referenzanlagen Reduktionen in der Personalbelastung um ca. 35 %. Kosten und Abfallmengen reduzieren sich gegenüber der sofortigen Beseitigung in noch geringerem Umfang (weniger als 10 %)

A N L	Kurzbezeichnung	: Kernkraftwerk Bruns-büttel KKB
	Standort, Land	: Brunsbüttel, Schleswig-Holstein
	Anlagentyp	: SWR
	Leistung, Durchsatz	: 800 MWe
V A R	Totale Beseitigung	
I N V	aktiviert	: $1{,}3 \cdot 10^{16}$ Bq
	kontaminiert	: $4{,}0 \cdot 10^{12}$ Bq
K G R	Kosten	: 346,2 Millionen DM
	Personalaufwand	: 19400 Mannmonate
	Personalbelastung	: 14,5 Personen-Sv
	Abfallmenge	: 5041 Mg

Tabelle 4.14: Ergebnisse der VDEW-Studie [WAT 87], Referenzanlage KKB

A N L	Kurzbezeichnung	: KRB
	Standort, Land	: Biblis, Hessen
	Anlagentyp	: DWR
	Leistung, Durchsatz	: 1300 MWe
V A R	Totale Beseitigung	
I N V	aktiviert	: $2 \cdot 10^{16}$ Bq
	kontaminiert	: $3 \cdot 10^{12}$ Bq
K G R	Kosten	: 346,2 Millionen DM
	Personalaufwand	: 17000 Mannmonate
	Personalbelastung	: 10 Personen-Sv
	Abfallmenge	: 3160 Mg

Tabelle 4.15: Ergebnisse der VDEW-Studie [WAT 87], Referenzanlage

5. STRAHLENSCHUTZ

5.1 Unterschiede zur Betriebsphase

Die wesentlichen Unterschiede zur Betriebsphase ergeben sich aus dem in Kapitel 2 diskutierten Übergang von der Betriebsphase zur Stillegung. In der stillgelegten Anlage ist durch die bereits erfolgten Entsorgungsprozesse (Brennelemente, Medien, Betriebsabfälle) sowie durch radioaktiven Zerfall eine substantielle Reduktion der Gesamtaktivität eingetreten. Auch die nuklidspezifische Zusammensetzung hat sich geändert.

Durch den Wegfall betrieblicher Bedingungen haben sich Temperatur-, Druck- und Konzentrationsgradienten und damit bestimmte Freisetzungsmechanismen reduziert.

Dies schafft veränderte Bedingungen im Bereich des Strahlenschutzes, wobei zwischen Strahlenschutz des Personals und Umgebungsstrahlenschutz zu unterscheiden ist. Pauschal betrachtet - etwa verglichen mit einer Revision, Großreparatur oder Nachrüstmaßnahme - steht der Strahlenschutz bei der Stillegung vor einfacheren Aufgaben. Dies ist jedoch differenziert zu betrachten.

5.2 Personalstrahlenschutz

Der Vergleich mit der Situation während des Betriebes orientiert sich am besten an den Betriebsphasen, in denen "stillegungstypische" Arbeiten durchgeführt werden. Dies sind Revision, Reparatur und Komponentenaustausch, wobei die letztgenannten Aktivitäten häufig planerisch in die Revisionsphase integriert werden, um die Stillstandszeiten so kurz wie möglich zu halten. Dieser Zeitdruck führt dazu, daß mit hohem Personalaufwand gearbeitet wird, was erhebliche planerische Anforderungen auch für den Strahlenschutz bedeutet. Dieser Zeitdruck entfällt in der Regel bei der Stillegung.

Bei Abbrucharbeiten besteht gegenüber Reparaturen ein weiterer Vorteil: Die Rücksichtnahme auf den Weiterbetrieb der Anlage entfällt, es kann häufiger zerstörend gearbeitet werden. Sinngemäß gilt dies auch für den Einsatz von aggressiven Dekontaminationsmitteln.

Als typisches Problem bei der Stillegung ist das Arbeiten in ständig wechselnden Konfigurationen, bedingt durch den Fortgang von Abbruch- oder Dekontaminationsarbeiten, zu sehen. Hinzu kommt die Organisation der erheblichen Materialflüsse innerhalb der Anlage und aus der Anlage heraus.

Insgesamt ist jedoch zu erwarten, daß eine Strahlenbelastung des Stillegungspersonals resultiert, welche hinter der Gesamtbelastung der Betriebsphase deutlich zurückbleibt. Vor einer quantitativen Analyse der Personalbelastung werden kurz die wichtigsten Strahlenschutzmaßnahmen diskutiert.

Das Personal ist in erster Linie zu schützen vor

- Inhalation radioaktiver Aerosole und

- äußerer γ-Bestrahlung.

Eine ausführliche Diskussion des Risikos, das mit der Anwendung aerosolerzeugender Stillegungstechniken (in erster Linie sind dies die Zerlegetechniken) verbunden ist, findet sich in [FRE 86]. Die Möglichkeiten, Inhalationen zu vermeiden, sind die folgenden:

- geringe Aerosol-Produktion durch geeignete Arbeitsweise (z.B. unter Wasser),

- Aufbau von Schutzzelten,

- lokale Absaugung,

- Atemschutz,

- fernbedientes Arbeiten.

Die Wirksamkeit des Inhalationsschutzes ist durch geeignete Maßnahmen der Qualitätssicherung zu überprüfen. In der Regel gelingt es, Inkorporationen so weitgehend zu vermeiden, daß die Personalbelastung fast ausschließlich durch äußere Bestrahlung zustandekommt.

Die äußere Bestrahlung kann durch folgende Maßnahmen reduziert werden:

- Dekontamination,

- Abschirmung,

- fernbedientes bzw. automatisiertes Arbeiten,

- gute Arbeitsvorbereitung, geringe Aufenthaltszeiten "vor Ort".

In vielen Fällen muß im Sinne einer Optimierung ein Kompromiß zwischen Inhalationsschutz und Minimierung der äußeren Bestrahlung gefunden werden. So hat sich beispielsweise bei Rohraustauschkampagnen in SWR gezeigt, daß der Aufbau von Schutzzelten am Arbeitsort zu einer höheren Strahlenbelastung als das Arbeiten mit lokaler Absaugung geführt hätte, obwohl bei letzterem eine gewisse Kontaminationsverschleppung akzeptiert werden mußte [GÖR 87].

Abbildung 5.1 vermittelt einen Eindruck der Strahlenbelastung des Personals in der Betriebsphase. Zur Charakterisierung wird die mittlere jährliche Kollektivdosis herangezogen, das ist die Summe aller Individualdosen in diesem Zeitraum. Diese Größe ist für Kernkraftwerke mit Leichtwasserreaktor als Funktion des Anlagenalters dargestellt. Der zeitliche Verlauf ist gekennzeichnet durch einen Anstieg in den ersten 5 Jahren, danach stellt sich eine Sättigung ein. Der Anstieg ist auf den Aufbau der Radioaktivität zurückzuführen, wobei das Nuklid

Co-60 mit der Halbwertszeit von 5,27 Jahren bestimmend ist. Die Spitze im Bereich von 10-13 Jahren ist auf umfangreiche Nachrüstmaßnahmen zurückzuführen. Es erscheint sinnvoll, einen mittleren jährlichen Wert von 5 Personen-Sievert für die Betriebsphase anzunehmen. Bei unterstellten 30 Betriebsjahren führt dies zu einer Gesamtkollektivdosis von 150 Personen-Sievert. Diesen Eckdaten aus der Betriebsphase sollen nun Werte für den Bereich der Stillegung gegenübergestellt werden.

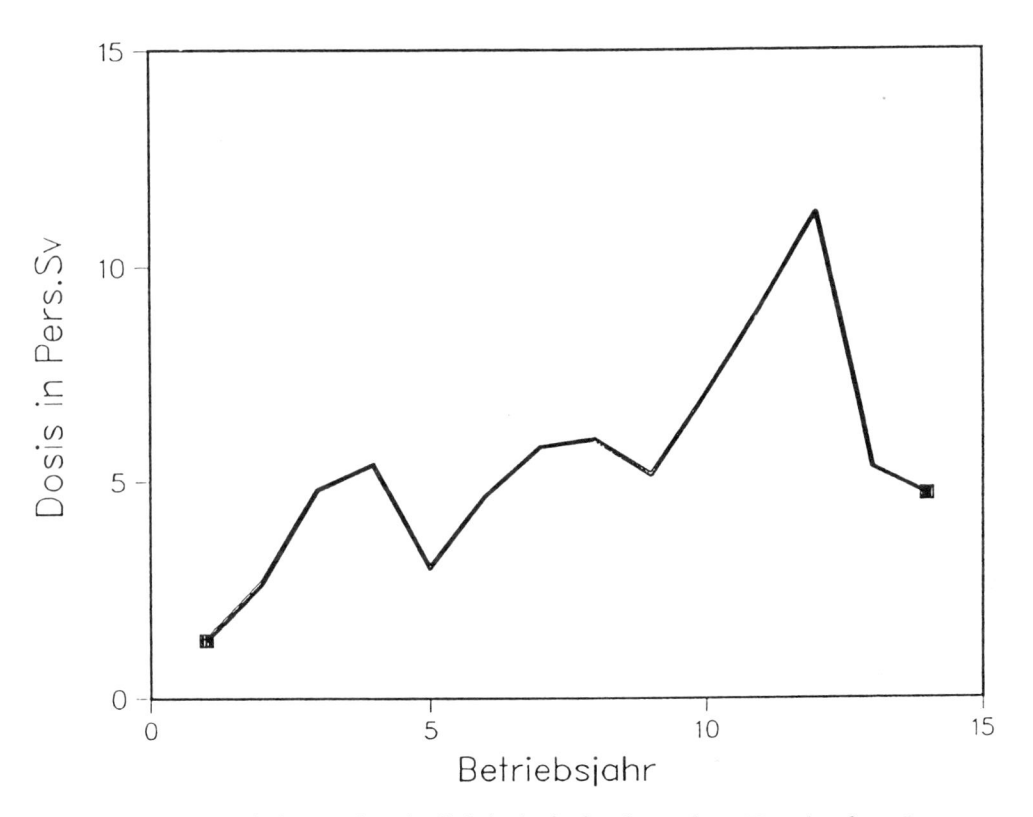

Abbildung 5.1: Mittlere Jahreskollektivdosis in deutschen Kernkraftwerken mit Leichtwasserreaktoren in Abhängigkeit vom Anlagenalter (nach [MÜL 85])

Eine Vielzahl von Daten zur Personalbelastung bei Stillegungen wurde bereits in Kapitel 4 angegeben. Diese sind zum größten Teil - ergänzt durch einige weitere Angaben - in Abbildung 5.2 zusammengefaßt. Die Daten lassen sich in drei Gruppen unterteilen:

- abgeschlossene Projekte (Maschinenhaus KRB-A, SAPS, ERR, OH, R1),

- laufende Projekte (KKN, JPDR),

- Ergebnisse von Planungen und Studien (KKB, Biblis A, THTR, FR-2).

```
KKB    : Kernkraftwerk Brunsbüttel
THTR   : Thorium-Hochtemperaturreaktor
SAPS   : Shippingport Atomic Power Station
KRB-A  : Kernkraftwerk Gundremmingen Block A
KKN    : Kernkraftwerk Niederaichbach
JPDR   : Japanese Power Demonstration Reactor
ERR    : Elk River Reactor (USA)
FR-2   : Forschungsreaktor 2
OH     : Kernenergieschiff "Otto Hahn"
R1     : R 1 Forschungsreaktor (Schweden)
```

(*1 nur für Maschinenhaus)
(*2 Co-60 – äquivalente Aktivität)

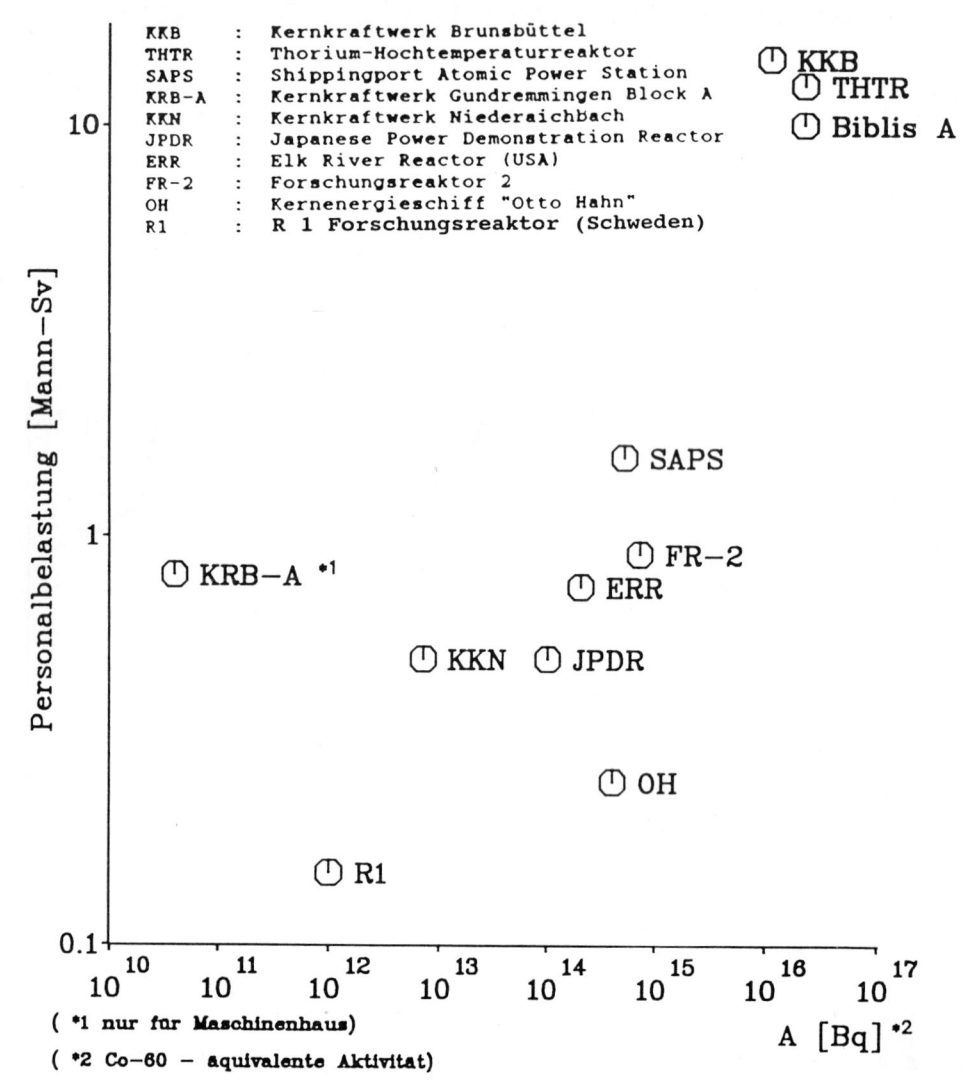

Abbildung 5.2: Personalbelastung und Aktivitätsinventar für verschiedene Stillegungsprojekte (Beseitigung) (nach [GÖR 91])

Die wichtigsten Beurteilungsgrundlagen bilden die sicheren empirischen Werte der ersten Gruppe. Die Projekte KKN und JPDR sind weit fortgeschritten, und somit stellen auch die hier angegebenen Schätzungen brauchbare Daten dar.

Die Daten der dritten Gruppe stellen Extrapolationen der vorliegenden Erfahrungen im Hinblick auf die Zukunftsaufgaben dar. Sie fügen sich ohne erkennbare Diskrepanzen in das Gesamtbild ein.

Die Mehrzahl der Kollektivdosen für Stillegungsprojekte liegt unter dem oben als Bezugswert aus der Betriebsphase angegebenen jährlichen Wert von 5 Personen-Sv. Beachtet man, daß die Dosis sich bei der Stillegung auf ca. 5 Jahre verteilt, so wird deutlich, daß in allen angegebenen Fällen die jährliche Kollektivdosis geringer ist als der Bezugswert. Für die gesamte Lebensdauer einer LWR-Anlage errechnet sich aus dem Bezugswert und einer unterstellten Betriebsphase von 30 Jahren eine integrale Kollektivdosis von 150 Personen-Sv. Die Beseitigungsdosis von ca. 10 Personen-Sv macht also rund 6 % der integralen betrieblichen Kollektivdosis aus.

Läßt man zunächst die Werte für KRB-A (Maschinenhaus) und für die Otto Hahn aus der Betrachtung heraus, so resultiert ein in guter Näherung linearer Trend.

Die theoretischen Ergebnisse für den LWR moderner Bauart liegen gegenüber diesem Trend leicht erhöht. Die Werte für KRB-A (Maschinenhaus) und Otto Hahn weichen aufgrund bestimmter Projektcharakteristika spürbar von dem Trend ab.

Im Falle von KRB-A wurde viel Material mit sehr wenig Aktivität demontiert. Die Strahlenfelder waren hier so gering, daß Strahlenschutzmaßnahmen zur Reduktion der kollektiven Exposition weder sinnvoll noch erforderlich waren. Es resultiert daher ein relativ hohes Verhältnis von Kollektivdosis zu "bewegter" Aktivität.

Genau umgekehrt liegen die Verhältnisse im Falle der Otto Hahn. Praktisch die gesamte Aktivität der Anlage wurde durch den unzerlegten, gut abgeschirmten Abtransport von Reaktordruckbehälter mit seinen Einbauten aus dem Schiff entfernt.

Abbildung 5.2 läßt sich heranziehen, um für vorgelegte Planungswerte zu einer ersten vergleichenden Bewertung zu gelangen. Es sei allerdings betont, daß sich ein noch weitaus konsistenteres Bild der Personalbelastung ergibt, wenn die hier für Gesamtprojekte durchgeführte Betrachtung getrennt für Teilprojekte angestellt wird, beispielsweise für Demontage kontaminierter Einbauten, Demontage aktivierter Einbauten und Abfallbehandlung. Dazu sei auf [GÖR 87] verwiesen.

5.3 Strahlenexposition in der Umgebung

Zu einer Strahlenexposition der allgemeinen Bevölkerung in der Umgebung einer stillgelegten kerntechnischen Anlage kommt es durch:

- Transporte radioaktiver Abfälle,

- Freigabe von Reststoffen und Abfällen zur Verwertung bzw. Beseitigung,

- Ableitungen radioaktiver Stoffe mit der Fortluft und dem Abwasser.

Für den Transport radioaktiver Stoffe gelten international abgestimmte Regeln [IAE 85]. Die mit der Freigabe von Abfällen und Reststoffen verbundene Strahlenexposition wird ausführlich in Kapitel 6 behandelt. Die Diskussion soll demgemäß hier auf die Ableitung radioaktiver Stoffe mit Fortluft und Abwasser begrenzt werden.

Die Berechnung der Strahlenexposition der Bevölkerung erfolgt gemäß § 45 StrlSchV nach der Allgemeinen Verwaltungsvorschrift vom 21. Februar 1990

[AVV 90]. Bei den Berechnungen sind Änderungen gegenüber der Betriebsphase zu berücksichtigen:

- Die Freisetzungsmechanismen und die nuklidspezifische Zusammensetzung der abgeleiteten Aktivität sind verschieden.

- Die Dauer der Stillegung ist zeitlich begrenzt (Ausnahme: Sicherer Einschluß, hier allerdings hat man in aller Regel nur äußerst geringe Ableitungen).

Im Falle der Ableitungen mit der Fortluft unterscheidet man in der Betriebsphase folgende Radionuklidgruppen:

- Radioaktive Edelgase,

- radioaktive Aerosole,

- radioaktives Jod,

- Tritium,

- radioaktives Strontium,

- Alphastrahler,

- Kohlenstoff-14.

Das kritische Nuklid für die Betriebsphase ist in der Regel J-131. Aufgrund der kurzen Halbwertszeit und der Entsorgungsmaßnahmen im Vorfeld der Stillegung spielt dieses Nuklid in der Stillegungsphase keine Rolle. Die mit der Luft abgeleitete Aktivität reduziert sich in der Regel auf die Gruppe der Aerosole. Ausnahmen sind möglich, wenn ein Teil der genannten Entsorgungsmaßnahmen entgegen der Regelannahme doch in die Stillegungsphase fällt (Beispiel AVR :

Kr-85 bei der Regeneration von Filtern) oder bewegliche Radionuklide wie z.B. H-3 in der Anlage verbleiben (Beispiel : H-3 Freisetzung aus Schwerwasserresten bei der Demontage KKN).

Aerosole werden in erster Linie bei Zerlegearbeiten (Sprengen, Plasma- und Brennschneiden etc.) gebildet. Für den Fall der sofortigen totalen Beseitigung eines 1300 MWe-DWR kann abgeschätzt werden, daß ca. $3 \cdot 10^7$ Bq aerosolförmig mit der Luft abgeleitet werden [GÖR 91]. Wesentliche Bestandteile des Nuklidspektrums sind Cs-137 (80 %) und Co-60 (20 %). Die berechneten maximalen Individualdosen für die allgemeine Bevölkerung liegen unterhalb von 1 µSv/a.

Bei der Beseitigung eines Kernkraftwerks fallen folgende Abwasserarten an:

- Wasch- und Duschwasser,

- Wäschereiwasser,

- Wasserschleier, Sprühnebel,

- Kühl- und Schneidflüssigkeit,

- Flutwasser,

- Sumpfwasser,

- Dekontaminationsabwasser.

Dabei tragen die Dekontaminationsabwässer die größte Aktivitätsfracht. Vor der Abgabe werden die Wässer aufbereitet bzw. gereinigt. Abgeleitet werden bei der Beseitigung eines 1300 MWe-DWR ca. 10 000 m³ mit einem Aktivitätsgehalt von $2 \cdot 10^{10}$ Bq (Co-60 : 70 %; Cs-137 : 30 %), die resultierenden maximalen Individualdosen liegen mit ca. 1 µSv/a ebenso wie bei den Ableitungen mit der Luft um mehr als 2 Größenordnungen unter den Grenzwerten des § 45 StrlSchV.

6. ABFÄLLE UND RESTSTOFFE BEI DER STILLEGUNG

6.1 Bestimmungen

Der Gesetzgeber hat bereits bei der Formulierung des Atomgesetzes zahlreiche grundlegende Festlegungen getroffen, die für die Stillegung kerntechnischer Anlagen von erheblicher Bedeutung sind. Zu diesen ist zweifellos das Verwertungsgebot zu zählen, das in § 9a AtG verankert ist:

> § 9a Verwertung radioaktiver Reststoffe und Beseitigung radioaktiver Abfälle
>
> (1) Wer Anlagen, in denen mit Kernbrennstoffen umgegangen wird, errichtet, betreibt, sonst innehat, wesentlich verändert, stillegt oder beseitigt, außerhalb solcher Anlagen mit radioaktiven Stoffen umgeht oder Anlagen zur Erzeugung ionisierender Strahlen betreibt, hat dafür zu sorgen, daß anfallende radioaktive Reststoffe sowie ausgebaute oder abgebaute radioaktive Anlagenteile
> 1. den in § 1 Nr. 2 bis 4 bezeichneten Zwecken entsprechend schadlos verwertet werden oder,
> 2. soweit dies nach dem Stand von Wissenschaft und Technik nicht möglich, wirtschaftlich nicht vertretbar oder mit den in § 1 Nr. 2 bis 4 bezeichneten Zwecken unvereinbar ist, als radioaktive Abfälle geordnet beseitigt werden.
> (2) Wer radioaktive Abfälle besitzt, hat diese an eine Anlage nach Absatz 3 abzuliefern. Dies gilt nicht, soweit Abweichendes durch eine aufgrund dieses Gesetzes erlassene Rechtsverordnung bestimmt oder aufgrund dieses Gesetzes oder einer solchen Rechtsverordnung angeordnet oder genehmigt worden ist.
> (3) Die Länder haben Landessammelstellen für die Zwischenlagerung der in ihrem Gebiet angefallenen radioaktiven Abfälle, der Bund hat Anlagen zur Sicherstellung und zur Endlagerung radioaktiver Abfälle einzurichten. Sie können sich zur Erfüllung ihrer Pflichten Dritter bedienen.

Es gilt also auch für die bei der Stillegung anfallenden Reststoffe und Anlagenteile ein Verwertungsgebot. Diese Verwertung hat schadlos zu erfolgen (der Begriff "schadlos" ist auf Gesetzesebene nicht weiter konkretisiert). Auf die bei Verwertung, Verwendung und Beseitigung zulässige Strahlenbelastung wird in Kapitel 6.3.1 eingegangen.

Eine Beseitigung als radioaktiver Abfall kommt erst dann in Frage, wenn die schadlose Verwertung technisch nicht möglich oder wirtschaftlich nicht vertretbar ist.

Die konventionelle Beseitigung oder Verwertung von Reststoffen oder Anlagenteilen wird durch § 2 (2) AtG für zulässig erklärt, falls der Tatbestand der "geringfügigen Aktivität" vorliegt:

> (2) Nicht als radioaktive Stoffe im Sinne des Gesetzes gelten solche radioaktiven Abfälle, die nicht an Anlagen nach § 9a Abs. 3 abzuliefern sind und für die wegen der geringfügigen Aktivität keine besondere Beseitigung zum Schutz von Leben, Gesundheit und Sachgütern vor den Gefahren der Kernenergie und der schädlichen Wirkung ionisierender Strahlen nach § 9a Abs. 2 Satz 2 bestimmt, angeordnet oder genehmigt worden ist.

In der Hierarchie des § 9a (Verwertung vor Beseitigung als radioaktiver Abfall) ist die Option der konventionellen Beseitigung bzw. Verwertung nicht berücksichtigt.

Es sei darauf hingewiesen, daß eine befriedigende und allgemein anerkannte Begriffsbestimmung für "Reststoffe" und "Anlagenteile" nicht zu existieren scheint. So wird beispielsweise in der SSK-Empfehlung [BMU 88] Schrott aus Kernkraftwerken als Reststoff bezeichnet, nach Eder [EDE 87] hingegen handelt es sich dabei um abgebaute Anlagenteile. Für die Praxis ist diese Uneinheitlichkeit in der Terminologie von geringer Bedeutung. Dennoch sollte hier Klarheit geschaffen werden.

Neben dem Atomgesetz sind folgende Bestimmungen für den Bereich Reststoffe/Abfälle von Wichtigkeit:

- Strahlenschutzverordnung [SSV 89],

- Abfallkontrollrichtlinie [AKR 89],

- Gefahrgutverordnung Straße, Eisenbahn [VER 85].

Details zur Ablieferung radioaktiver Abfälle regelt die Strahlenschutzverordnung (StrlSchV). Diese Verordnung enthält auch Bestimmungen über Grenzwerte der Oberflächenkontamination und der spezifischen Aktivität, die sinngemäß auf die Freigabe von Reststoffen angewendet werden können.

1989 wurden die behördlichen Vorgaben um die "Richtlinie zur Kontrolle radioaktiver Abfälle mit vernachlässigbarer Wärmeentwicklung" [AKR 89] erweitert. Wesentliche Punkte der Richtlinie sind:

- Einteilung der Reststoffe und Rohabfälle in Abfallarten,

- Unterteilung des Behandlungsweges,

- Buchführung über Reststoffe, Aktivitätsinventare, Abfallprodukte und Gebindeformen,

- Vorschriften für Meldeverfahren an Behörden.

Die Gefahrgutverordnung Straße/Eisenbahn enthält technische Vorschriften für Transportgut, Verpackungen, Aktivitätsinventare, Transport und Kennzeichnungen [VER 85].

6.2 Die wichtigsten Optionen für Verwertung und Beseitigung

Die wichtigsten Optionen im Hinblick auf Verwertung und Beseitigung sind in Abbildung 6.1 dargestellt. Diese Darstellung schließt an die Ausführungen in Kapitel 6.1 an und enthält Hinweise auf Varianten von Verwertung und Beseitigung. Der schadlosen Verwertung gebührt grundsätzlich der Vorrang gegenüber der Beseitigung. Es ist zu unterscheiden zwischen "Wiederverwertung" und "Wiederverwendung". Eine direkte Wiederverwendung ist sowohl im Falle von

Gebäuden als auch bei Werkzeugen, Geräten oder Komponenten möglich. Das vielleicht spektakulärste Beispiel für den Fall der Wiederverwendung ist die Wiederindienststellung des früheren Nuklearschiffes Otto Hahn nach Ausrüstung mit einem Dieselantrieb (vergleiche Kapitel 4). Wiederverwendung ist z.B. denkbar bei

- Fahrzeugen (z.B. Gabelstabler),

- Hebezeugen,

- Behältern,

- Pumpen, Armaturen,

- Antrieben,

- Paletten etc.

Von Verwertung spricht man, wenn die freizugebenden Materialien als Ausgangspunkt für eine stoffliche Umwandlung genutzt werden. Das wichtigste Beispiel ist das Einschmelzen von Schrott zur Metallherstellung.

Sowohl bei Verwertung als auch bei Verwendung ist zu unterscheiden, ob die Materialien zuvor aus der Strahlenschutzüberwachung entlassen ("freigegeben") werden oder ob die anschließende Nutzung unter kontrollierten Bedingungen geschieht.

Die Herstellung von Produkten für die Kerntechnik aus Schrott aus der Kerntechnik im Rahmen einer atomrechtlichen Umgangsgenehmigung ist im industriellen Maßstab bei der Firma Siempelkamp Giesserei GmbH & Co in Krefeld realisiert. Die Genehmigung umfaßt sowohl ß-, γ-haltigen Schrott als auch α-haltigen Schrott. Neben Stahl- und Eisenschrott wurden auch erste Versuche mit dem Einschmelzen von Nichteisenmetallen durchgeführt.

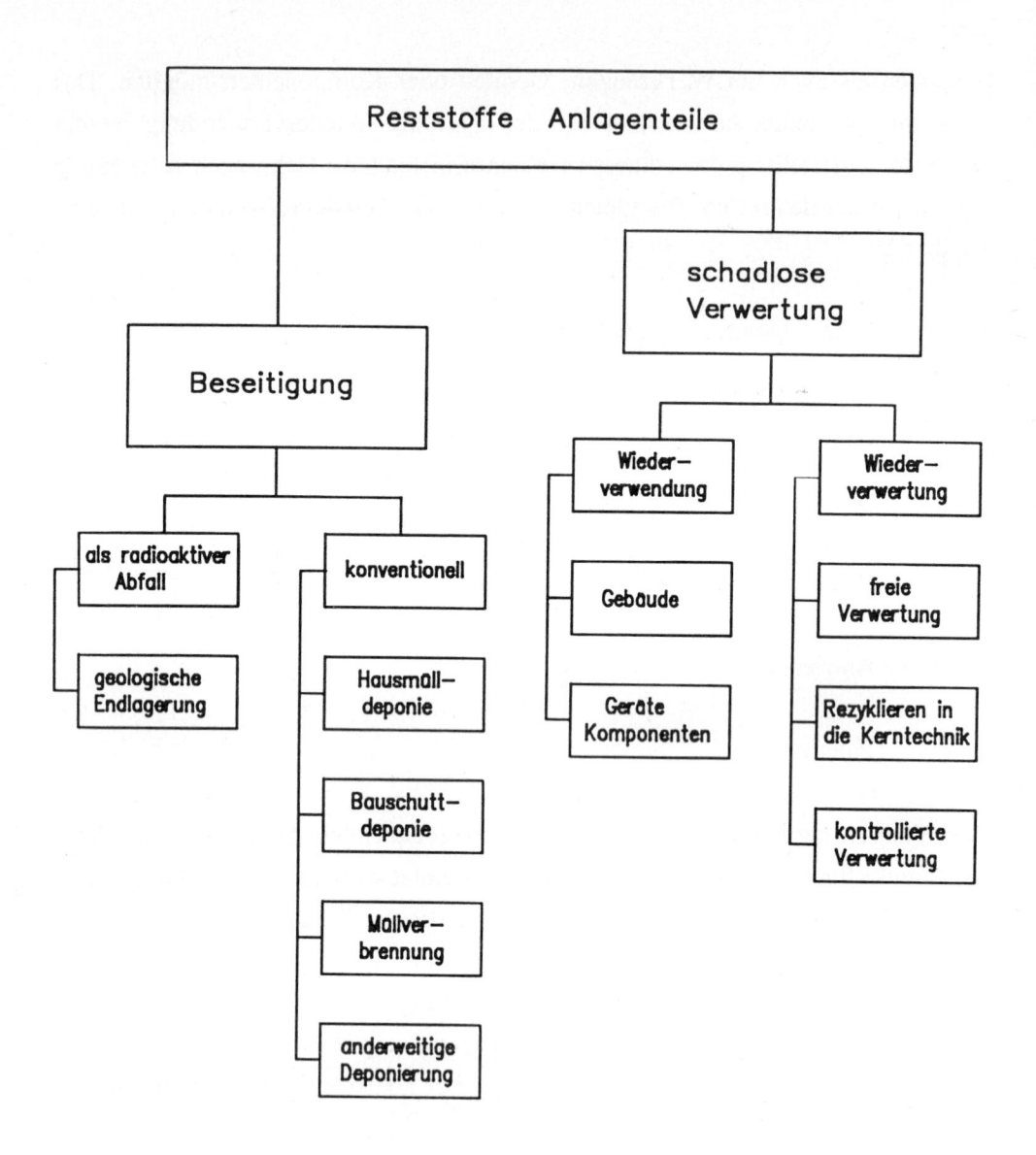

Abbildung 6.1: Entsorgungsstrukturen für Reststoffe und Anlagenteile

Insgesamt wurden bis 1990 mehr als 2500 Mg Schrott aus der Kerntechnik einer schadlosen Verwertung zugeführt, die praktisch mit keiner Strahlenexposition der allgemeinen Bevölkerung verbunden ist. Dieses Konzept und seine Realisierung sind im internationalen Vergleich als beispielhaft anzusehen.

Der herkömmliche Weg der schadlosen Verwertung besteht in der Dekontamination des Materials bis zur Unterschreitung der vorgegebenen Freigabegrenzwerte. Dieser Vorgang wird auch als "Freidekontamination" bezeichnet. Diese Bezeichnungsweise ist als nicht sehr glücklich anzusehen. Das gilt ebenfalls für den Terminus "Freimessung", womit der meßtechnische Nachweis der Einhaltung der Freigabekriterien gemeint ist. Da sich jedoch beide Begriffe eines intensiven Gebrauchs erfreuen, wurden sie im folgenden auch hier verwendet.

Das Einschmelzen stellt für den Reststoffverursacher einen zur Freidekontamination alternativen Entsorgungsweg dar. Für Schrott komplizierter Geometrie, der nur mit beträchtlichem Aufwand dekontaminierbar und "freimeßbar" ist, kann dieser Weg auch aus ökonomischer Sicht interessant sein. In der Praxis werden Dekontamination und Einschmelzen miteinander kombiniert, da das Einschmelzen für bestimmte Stoffe (z.B. Cäsium, Uran, Plutonium) mit einer Dekontamination des Schmelzguts durch Übergang dieser Stoffe in Schlacke oder Stäube verbunden ist.

Die Abbildungen 6.2 und 6.3 zeigen für den Einsatz in der Kerntechnik bestimmte Produkte, die von der Firma Siempelkamp Giesserei GmbH & Co aus kontaminiertem Schrott hergestellt wurden.

Neben der geordneten Beseitigung der Reststoffe als radioaktiver Abfall ist für Stillegungsprojekte die konventionelle Beseitigung von großer Bedeutung. Zu unterscheiden ist zunächst zwischen hausmüllartigen Abfällen, die deponiert oder verbrannt werden können, und Bauschutt, der in speziellen Bauschuttdeponien abgelagert wird. Aus Gründen der Chemotoxizität kommt für bestimmte Abfälle (z.B. PVC-haltige Abfälle) nur eine Deponierung als Sondermüll in Frage.

Als Möglichkeit zur Endlagerung radioaktiver Abfälle wird in der Bundesrepublik Deutschland nur die tiefe Lagerung in geologischen Formationen verfolgt.

Abbildung 6.2: Kleiner Abschirmbehälter für radioaktiven Abfall (oben), Toranlage mit Abschirmwand (unten)
(Mit freundlicher Genehmigung der Fa. Siempelkamp Giesserei GmbH & Co)

Abbildung 6.3: 7 t Transport- und Lagerbehälter für radioaktiven Abfall (oben), stapelbare Abschirmelemente für Faßanlage (unten) (Mit freundlicher Genehmigung der Fa. Siempelkamp Giesserei GmbH & Co)

Meeresversenkung und oberflächennahe Vergrabung werden nicht praktiziert und sind nicht vorgesehen.

6.3 Grenzwertfindung

6.3.1 Zulässige Strahlenbelastung

Sowohl auf nationaler Ebene als auch im internationalen Dialog war es lange unklar, welche Strahlenbelastung als Folge der auf oder in den Reststoffen oder Abfällen verbleibenden Restaktivität als schadlos angesehen und somit der Bevölkerung zugemutet werden kann.

Dabei war es von jeher unstrittig, daß Individualdosen unter dem von der ICRP empfohlenen Grenzwert von 1 mSv/a liegen müssen [ICR 79].

In der nationalen Diskussion wurden als Grenzwerte häufig die Werte des § 45 StrlSchV genannt. Dabei wurde beispielsweise die Auffassung vertreten, daß die Freigabe von Reststoffen oder Abfällen als "feste Ableitungen" angesehen werden können, denen ebenso wie den atmosphärischen oder flüssigen Ableitungen jeweils die Grenzwerte des § 45 StrlSchV zuzuordnen seien.

Die Frage nach der zulässigen Strahlenexposition der Bevölkerung als Folge der Freigabe von Reststoffen oder Abfällen aus der Strahlenschutzüberwachung ist im zurückliegenden Jahrzehnt auch Gegenstand der internationalen Diskussion gewesen und ist es weiterhin. Die Internationale Atomenergieorganisation (IAEO) hat hierzu in einer Publikation gemeinsam mit der Nuclear Energy Agency (NEA) der OECD grundlegende Empfehlungen ausgesprochen [IAE 88].

Ausgangspunkt ist die Ermittlung eines "trivialen Risikoniveaus". Damit ist ein aus rechtlicher Sicht als so klein anzusehendes Risiko gemeint, daß Maßnahmen zu einer weiteren Reduzierung als unnötig angesehen werden. Aus vorliegenden

Untersuchungen zu diesem Risiko wird so ein Individualdosisbereich (effektive Äquivalentdosis) von 10 - 100 µSv/a abgeleitet. Da es durch Freigaben unterschiedlicher Art zu Mehrfachbelastungen kommen kann, wird eine Dosis von 10 µSv/a als sinnvolles Schutzziel zur Begrenzung des Individualrisikos durch einen Expositionspfad empfohlen. Der Wert hat den Charakter eines "Richtwertes" für die Dosis und ist nicht als Grenzwert aufzufassen. Man bezeichnet 10 µSv/a im vorliegenden Zusammenhang auch als De-Minimis-Dosis. (De Minimis: Aufgrund der geringen Bedeutung rechtlich nicht relevant.)

Zusätzlich wird eine Begrenzung der Kollektivdosis für jede "Praxis" der Freigabe in Höhe von 1 Mann-Sv empfohlen. Es sei darauf hingewiesen, daß dadurch wiederum das Aufsummieren kleiner und kleinster Individualdosen bedeutsam wird. Die Strahlenschutzkommission hat sich in einer Empfehlung gegen diese Art der Bewertung kollektiver Expositionen ausgesprochen [BMJ 85].

Darüber hinaus ist festzustellen, daß für praktische Fragestellungen in der Regel die Individualdosis für die Ableitung spezifischer Grenzwerte ausschlaggebend ist, während die kollektive Exposition eher den Umfang (z.B. im Sinne eines Materialaufkommens) einer Praxis begrenzt.

6.3.2 Stahl- und Eisenschrott aus Kernkraftwerken

Nach den Gebäudestrukturen stellt das Inventar an Anlagenteilen aus Stahl und Eisen den größten Posten der bei der Stillegung anfallenden Reststoffe. Bei einem 1300 MWe-Druckwasserreaktor (DWR) handelt es sich um ca. 15000 Mg, bei einem 800 MWe-Siedewasserreaktor (SWR) um ca. 20000 Mg. Diese Angaben beziehen sich auf den Kontrollbereich, der im Falle des SWR auch das Maschinenhaus umfaßt. Es sei allerdings darauf hingewiesen, daß es in kerntechnischen Anlagen auch außerhalb von Kontrollbereichen durchaus radioaktive Stoffe geben kann, beispielsweise in Sekundärkreisläufen von DWR-Anlagen infolge von Dampferzeugerleckagen.

Bevor auf aktuelle Entwicklungen auf dem Gebiet der Grenzwertfindung eingegangen wird, sei ein kurzer Blick auf die frühere Genehmigungspraxis geworfen. Es wurde sowohl für die Verwertung wie für die Beseitigung davon ausgegangen, daß die Aktivitätswerte kontaminierter Gegenstände die Grenzwerte der Anlage IX Spalte 4 StrlSchV unterschreiten müssen.

Für die Frage der konventionellen Beseitigung hat man den Begriff "geringfügige Aktivität" über § 4 StrlSchV konkretisiert, der den genehmigungsfreien Umgang mit radioaktiven Stoffen regelt.

Insbesondere regelt § 4 Abs. 4 Satz 1 Nr. 2e, daß oberhalb einer spezifischen Aktivität des 10^{-4}-fachen der Freigrenze je Gramm (für Co-60: 5 Bq/g) die Beseitigung von Abfällen aus dem beruflichen Bereich der Genehmigung bedarf. Unterhalb der genannten Grenzwerte der spezifischen Aktivität besteht kein Erfordernis für eine Genehmigung. Für Abfälle aus genehmigungspflichtigen Tätigkeiten nach AtG (§5,6,7,9) gilt dies nicht, sondern es besteht Ablieferungspflicht.

Andererseits kann eine behördliche Freistellung von der Ablieferungspflicht durch eine Genehmigung erfolgen, wobei die Regelung des § 4 Abs. 4 Satz 1 Nr. 2e als Indiz berücksichtigt werden darf.

Zur Gewährleistung einer einheitlichen Anwendung heißt es im Rundschreiben des BMI vom 20.09.1979:

> "Auch bei Abfällen, die aus genehmigungspflichtiger Tätigkeit mit radioaktiven Stoffen entstanden sind, können die Voraussetzungen des § 2 Abs. 2 AtG vorliegen. Für die Beantwortung der Frage, ob es sich bei ihnen um eine "geringfügige Aktivität" im Sinne des § 2 Abs. 2 AtG handelt, ist aber hier vor allem Art, Menge und Häufigkeit der radioaktiven Abfälle maßgebend. Die Regelung des § 4 Abs. 4 Satz 1 Nr. 2e StrlSchV kann in diesem Zusammenhang als ein Indiz berücksichtigt werden. Eine Freistellung von der Ablieferungspflicht nach § 47 Abs. 1, § 3 StrlSchV mit einer Genehmigung zur Beseitigung als gewöhnlicher Abfall kommt daher nur in Betracht, wenn von der Behörde eine nur geringfügige Aktivität bejaht wird, bei der unter Berücksichtigung von Art, Menge und Häufigkeit der Abfälle aus

Strahlenschutzgründen weder eine besondere Art der Beseitigung angeordnet noch die Genehmigung mit entsprechenden Auflagen verbunden werden muß. Ist eine Beseitigung als gewöhnlicher Abfall genehmigt, gilt dieser nicht mehr als radioaktiver Stoff im Sinne des Atomgesetzes."

Bezüglich der Verwertung radioaktiver Reststoffe hat man sich ebenfalls der genannten Werte und Grundsätze bedient.

In der zweiten Hälfte der 70er Jahre setzten Bemühungen ein, die auf eine quantitative Erfassung der radiologischen Konsequenzen der Wiederverwendung bzw. -verwertung zielten. Es sei hier insbesondere die bahnbrechende Arbeit von O'Donnell und anderen [ODO 78] erwähnt.

Es soll kurz auf methodische Aspekte und Ergebnisse der Dosisberechnung eingegangen werden. Die Berechnung der Strahlenbelastung muß alle Stationen des Schrotts auf dem Weg zum Produktstahl und die bei der Benutzung der Produkte entstehenden Expositionen umfassen. Ausführlich ist dies in der Studie [GÖR 89] beschrieben. Die wichtigsten Stationen sind:

- Schrott
  (Transport, Aufbereitung, Handhabung)

- Stahlherstellung
  (Chargierung, Schmelzen, Gießen, Walzen)

- Produktherstellung
  (Verformen, Trennen, Fügen)

- Produktverteilung
  (Transport, Lagern)

- Produktnutzung

Bei der Aufbereitung von Schrotten werden z.T. manuelle thermische Zerlegearbeiten wie beispielsweise Brennschneiden durchgeführt. Dabei bestehen Inhalationsrisiken.

Beim Schmelzvorgang kommt es zu einer Verteilung der radioaktiven Stoffe im Schrott auf den erzeugten Stahl, die Schlacke und den Staub. Für bestimmte Radionuklide treten dabei Aufkonzentrationen auf, d.h. daß die spezifische Aktivität in Schlacke oder Staub höher sein kann als ursprünglich im Schrott. Das flüchtige Cäsium reichert sich bevorzugt in Stäuben an (Aufkonzentrationsfaktoren bis zu 1000). Uran, Plutonium und andere α-Strahler konzentrieren sich in der Schlacke auf (Faktoren 10-30). Kobalt hingegen bleibt ebenso wie Nickel und Eisen im wesentlichen im Schmelzgut.

Mitglieder der allgemeinen Bevölkerung werden durch äußere Bestrahlung, Inhalation und Ingestion exponiert. Es zeigt sich, daß bei im wesentlichen mit ß-, γ-Strahlern kontaminiertem Schrott aus Kernkraftwerken die größten Dosen durch äußere Bestrahlung im Bereich der Produktnutzung auftreten. Ein typischer Fall ist der Arbeiter, der eine große Maschine aus Stahl bedient.

Zur Ausbildung von aktiven Stäuben kommt es bei der Schrottzerlegung, bei der Schrotthandhabung, beim Einschmelzen und bei der Schlackennutzung. Die Ingestion durch Abrieb von Kochgeschirr hat in der öffentlichen Diskussion große Beachtung gefunden, ist jedoch radiologisch ohne Relevanz. Hier ist vielmehr die "Sekundäringestion" über eine Beschmutzung der Hände und Mundwischen wichtig, die beim Handhaben kontaminierter Teile sowie bei der Nutzung von Schlacken etwa als Sportplatzbelag auftreten kann. Die Tabellen 6.1 und 6.2 enthalten vereinfachte Beispiele für die genannten Belastungsmechanismen.

Aus den dargestellten Ergebnissen läßt sich folgern, daß für Material ohne signifikante α-Kontamination (das ist im Regelfall für Schrott aus Kernkraftwerken zutreffend) die äußere Bestrahlung dosisbestimmend ist. Zugleich stellt sich die Frage, ob das hier unterstellte Szenario für die äußere Bestrahlung angemessen ist. Es könnte angesichts der Größe der angesetzten Quelle zu konservativ sein, andererseits ist ebenso gut möglich, daß wegen möglicher längerer Expositionszeiten außerhalb des beruflichen Bereiches ("Schiffskabine") oder einer eventuell höheren spezifischen Aktivität im Produktstahl noch höhere Dosen auftreten.

Zur Beantwortung einer solchen Frage bedarf es eines anderen methodischen Ansatzes. Hierzu wurde ein statistisches Simulationsmodell für die dosisrelevanten Aspekte des Rezyklierens entwickelt [GÖR 89]. Damit bezeichnet man ein mathematisches Modell für die Dosisberechnung, in dessen Rahmen die für die anzustellenden Berechnungen benötigten Größen (z.B. Expositionszeit und -abstand) nicht fest vorgegeben sind, sondern entsprechend den in der Realität auftretenden Schwankungen aus Wahrscheinlichkeitsverteilungen bestimmt werden. Dieser Zugang erscheint angemessen, da die Wege einer freigegebenen Schrottmenge bis hin zum Produkt im einzelnen nicht prognostizierbar sind und in starkem Maße vom Zufall gelenkt werden. Wesentliche Zielgröße ist die Verteilung der Individualdosen in der allgemeinen Bevölkerung, wobei man sich auf die Berücksichtigung der äußeren Bestrahlung durch Photonen beschränken kann.

Die Entwicklung eines solchen Modells wird erst dadurch mit vertretbarem Aufwand durchführbar, daß man die Zielsetzung einschränkt. In der Untersuchung [GÖR 89] beschränkt man sich auf den Dosisbereich oberhalb von 3 μSv/a; in Anbetracht der komplexen Vorgänge in der Realität notwendige Modellvereinfachungen werden so durchgeführt, daß die Zahl der Exponierten in diesem Bereich eher überschätzt wird. Das gleiche gilt für die Wahl nicht genau bekannter Daten oder Verteilungsfunktionen. In diesem Sinne ist das Modell "statistisch konservativ". Mit Hilfe dieses Instruments läßt sich die aufgeworfene Frage nach der Konservativität des Modells aus Tabelle 6.1 beantworten. Es werden tatsächlich durch äußere Bestrahlung auftretende Dosen überschätzt.

Das statistische Modell hat gegenüber der deterministischen Szenarienanalyse folgende Vorteile:

- Es liefert die Verteilung der Individualdosen in der Bevölkerung und somit mehr Informationen.

- Als Nebenprodukt erhält man die Verteilung der Massen des beim Einschmelzen erzeugten Stahls als Funktion der spezifischen Aktivität.

Die Ergebnisse der Rechnungen mit dem statistischen Modell wurden zur Begründung der SSK-Empfehlung zur schadlosen Verwertung von Stahl- und Eisenschrott aus Kernkraftwerken [BMU 88] herangezogen, deren wesentliche Inhalte die folgenden sind:

- Die Empfehlung ist anwendbar auf Stahl- und Eisenschrott aus Kernkraftwerken.

- Grundsätzlich ist die Wiederverwendung oder Wiederverwertung im kerntechnischen Bereich zu bevorzugen.

- Ist dies nicht möglich oder nicht zumutbar, kann Material freigegeben werden:

- Freigabe zum allgemeinen Einschmelzen:	$c < 1$ Bq/g; Kontaminationsgrenzwerte nach Anlage IX Spalte 4 StrlSchV
- Bedingungslose Freigabe:	spezifische Aktivität $c < 0,1$ Bq/g; Kontaminationsgrenzwerte nach Anlage IX Spalte 4 StrlSchV

- Kontrollierte Verwertung von
  erschmolzenen Produkten: $0{,}1\ \text{Bq/g} < c < 1\ \text{Bq/g}$

Bezugsgröße für die spezifische Aktivität ist dabei der Mittelwert für jedes Einzelstück.

Aus heutiger Sicht erscheint eine detailliertere Ausgestaltung der Freigabekriterien beispielsweise in Form nuklidspezifischer Grenzwerte für die spezifische Aktivität erwägenswert. Durch das erwähnte statistische Modell wird die Festlegung nuklidunabhängiger Grenzwerte nicht nahegelegt, im Gegenteil, restriktive Festlegungen erscheinen lediglich für harte γ-Strahler wie Co-60 erforderlich.

Die Europäische Gemeinschaft hat ebenfalls eine Empfehlung zur Freigabe von Stahlschrott ausgesprochen [COM 88], die ebenfalls nuklidunabhängige Grenzwerte der spezifischen Aktivität vorsieht. Derzeit wird diese Empfehlung jedoch aktualisiert, wobei sich die Festlegung nuklidspezifischer Grenzwerte abzeichnet.

Die in der Empfehlung der Europäischen Gemeinschaft [COM 88] genannten Freigabekriterien stimmen weitgehend mit der SSK-Empfehlung überein. Es ist jedoch festzuhalten, daß auf der Grundlage der EG-Empfehlung der genannte massenspezifische Grenzwert von 1 Bq/g bei Freigaben aufgrund der zulässigen Mittelungsmasse von 1 Mg, der ausschließlichen Begrenzung des nicht festhaftenden Anteils der β, γ-Kontamination und der Zulässigkeit der Freigabe von Einzelstücken mit bis zu 10 Bq/g praktisch voll ausgeschöpft werden kann. Im Falle einer Freigabe nach der SSK-Empfehlung trifft dies nicht zu, es resultiert vielmehr für zum allgemeinen Einschmelzen freigegebenen Schrott ein Mittelwert der spezifischen Aktivität von typisch 0,1 Bq/g.

6.3.3 Nichteisenmetalle aus Kernkraftwerken

In den kerntechnischen Anlagen der Bundesrepublik Deutschland fallen bei

Reparaturen und Stillegungen Nichteisenmetallschrotte an, die für eine schadlose Verwertung im Sinne einer freien Verschrottung in Frage kommen. Es handelt sich dabei vor allem um Aluminium und Kupfer bzw. Kupferlegierungen; Blei ist ebenfalls noch von Bedeutung. Gegenwärtig fallen größenordnungsmäßig einige 100 Mg dieser Metalle jährlich an, in Zeiten verstärkter Stillegungstätigkeit kann dieser Wert auf über 1000 Mg/a ansteigen [GÖR 90].

Ein Ziel der Untersuchung [GÖR 90] war die Prüfung der Übertragbarkeit des Konzepts für die schadlose Verwertung von Stahl- und Eisenschrott aus Kernkraftwerken gemäß der Empfehlung der Strahlenschutzkommission vom 1. Oktober 1987 auf Nichteisenmetallschrott.

Freigabegrenzwert für Schrott:	1 Bq/g
Abstand:	0,5 m
Quelle:	Stahlquader 5 m x 5 m x 0,1 m
Expositionszeit:	2.000 h/a
Spezifische Aktivität im Produkt:	$c = 0{,}1$ Bq/g

Nuklid	Effektive Äquivalentdosis (μSv/a)
Co-60	150
Cs-137	35
Cs-134	90
Mn-54	45

Tabelle 6.1: Vorschlag für ein Szenario zur Abschätzung der äußeren Strahlenexposition (nach [GÖR 89])

Inhalation	Inhalation von Luft mit einem Staubgehalt vom 10 mg/m³, während 100 h (Atemvolumen 1,2 m³/h)
Ingestion	Verzehr von 10 g rezykliertem Material
	Es wird angenommen, daß in den inkorporierten Massen gegenüber der Freigabe von 1 Bq/g keine Verringerung der spezifischen Aktivität durch Verdünnung eingetreten ist; bei der Inhalation wird eine Aufkonzentration um einen Faktor 10 angenommen.

NUKLID	Folgedosen[a] (μSv) (effektive Äquivalentdosis)	
	Inhalation	**Ingestion**
Mn-54	$2,1 \cdot 10^{-2}$	$7,5 \cdot 10^{-3}$
Fe-55	$8,7 \cdot 10^{-3}$	$1,6 \cdot 10^{-3}$
Ni-59	$4,3 \cdot 10^{-3}$	$5,7 \cdot 10^{-4}$
Ni-63	$1,0 \cdot 10^{-2}$	$1,6 \cdot 10^{-3}$
Co-60	$7,0 \cdot 10^{-1}$	$7,3 \cdot 10^{-2}$
Sr-90	$4,2 \cdot 10^{0}$	$3,5 \cdot 10^{-1}$
Tc-99	$2,7 \cdot 10^{-2}$	$3,9 \cdot 10^{-3}$
Cs-134	$1,5 \cdot 10^{-1}$	$2,0 \cdot 10^{-1}$
Cs-137	$1,0 \cdot 10^{-1}$	$1,4 \cdot 10^{-1}$
U-238	$3,8 \cdot 10^{2}$	$6,9 \cdot 10^{-1}$
Pu-239	$1,6 \cdot 10^{3}$	$1,2 \cdot 10^{0}$

Anm.: Diese Folgedosen sind obere Grenzen für Jahresdosen.

Tabelle 6.2: Individualdosen infolge Inkorporation (Szenarien nach [GÖR 89])

Demgemäß wurden als Freigabekriterien für die freie Verschrottung 1 Bq/g für die massenspezifische Gesamtaktivität und die Grenzwerte der Flächenkontamination gemäß Anlage IX Spalte 4 zugrundegelegt (damals 0,37 Bq/cm² für ß-, γ-Strahler). Die Betrachtung wurde auf praktisch α-freies Material eingeschränkt.

Zur radiologischen Bewertung wurde ein ähnliches Vorgehen wie bei der schadlosen Verwertung von Stahl und Eisenschrott aus der Kerntechnik gewählt. Die Individualdosisverteilung oberhalb von 3 μSv/a wird durch die äußere Photonenbestrahlung bestimmt.

Die Resultate unterscheiden sich nicht wesentlich von denen für Stahl- und Eisenschrott. Das liegt zum einen daran, daß die Kontaminationsgrenzwerte gegenüber den massenspezifischen Grenzwerten bei den in der Regel im Schrott auftretenden Wandstärken einen stärker begrenzenden Charakter haben; somit ergibt sich im Leichtmetall bei gleicher Geometrie und gleicher Kontamination eine höhere massenspezifische Aktivität. Andererseits ist das Aufkommen von NE-Schrott in der Kerntechnik geringer.

Das gegenwärtige Aufkommen von Aluminiumschrott für schadlose Verwertung beträgt rund 100 Mg/a. In Zeiten verstärkter Stillegungstätigkeit kann dieser Wert auf ca. 500 Mg/a anwachsen.

Diese Angaben schließen urankontaminierten Aluminiumschrott aus Anreicherungsanlagen nicht ein, der im kommenden Jahrzehnt mit rund 200 Mg/a zu erwarten ist. Bei α-Kontamination ist nicht wie bei ß-, γ-Kontamination die äußere Photonenbestrahlung entscheidend für das Zustandekommen der Dosisverteilung, sondern die Inhalation von gasförmigen radioaktiven Stoffen und Aerosolen. Die Auswertung deterministischer Szenarien für die Inhalation unterstreicht, daß die Freigabe von α-haltigem Schrott einer gesonderten Betrachtung bedarf.

Bei der Modellbildung zur Berechnung der Dosisverteilung durch äußere Bestrahlung infolge des Rezyklierens von Aluminium sind folgende Besonderheiten von Aluminiumschrott gegenüber Stahl- und Eisenschrott zu beachten:

- Die Kapazitäten der Schmelzaggregate sind kleiner.

- Bei gleicher Geometrie (Dicke) und gleicher Kontamination ist die massenspezifische Gesamtaktivität von Aluminiumschrott höher (Dichte des Aluminiums = 2,7 g/cm^3).

- Wegen der größeren Sortenvielfalt, sowohl bei der Herstellung von Primärlegierungen als auch bei der Herstellung von Sekundärlegierungen, kommt es beim Chargieren in der Sekundärproduktion, dem wichtigsten Abnehmer von Aluminiumschrotten, im Mittel zu einer stärkeren Vermischung unterschiedlicher Schrottsorten.

- Aluminiumschrott ist in der Regel nur mit luftgetragener Aktivität kontaminiert, die leichter entfernbar ist als wassergetragene.

Unter Berücksichtigung der anfallenden Materialmengen ergeben sich für die Nichteisenmetalle wie bereits für Stahlschrott nur für wenige Exponierte Dosisleistungen oberhalb von 10 μSv/a.

Das gegenwärtige Aufkommen an Kupfer- und Kupferlegierungsschrotten aus der Kerntechnik beträgt rund 200 Mg/a. Dieser Wert kann auf 2000 Mg/a anwachsen, wenn verstärkt abgebaut und beseitigt wird. Urankontaminierter Kupfer- oder Kupferlegierungsschrott wird voraussichtlich nicht die Bedeutung von urankontaminiertem Aluminiumschrott aus Anreicherungsanlagen erlangen.

Die wichtigsten, bei der Modellbildung zur Berechnung der Dosisverteilung durch äußere Bestrahlung zu beachtenden Besonderheiten von Kupfer- und Kupferlegierungsschrott gegenüber Aluminium-, Stahl- und Eisenschrott sind:

- Die Kapazitäten der Schmelzaggregate sind besonders im Vergleich zu denen der Stahl- und Eisenherstellung kleiner.

- Da Kupferschrotte (Leitmaterialien) gesondert aufbereitet und wieder zu Leitkupfer verarbeitet werden können, ist im Mittel mit einer schwächeren Vermischung als bei Aluminiumschrotten zu rechnen.

- Wie Aluminiumschrott sind auch Kupferschrotte in der Regel nur mit luftgetragener Aktivität kontaminiert, die mittlere spezifische Aktivität ist geringer als bei Stahlschrott.

In der Untersuchung [GÖR 90] wird vorgeschlagen, die Freigabe von Nichteisenmetallschrott nach den gleichen Kriterien durchzuführen, wie sie in der Empfehlung der Strahlenschutzkommission vom 01. Oktober 1987 für Stahl- und Eisenschrott festgelegt wurden. Das Minimierungsgebot für die Strahlenbelastung der allgemeinen Bevölkerung gilt selbstverständlich auch für Nichteisenmetalle. Dem sollte durch ein bevorzugtes Rezyklieren innerhalb der Kerntechnik Rechnung getragen werden. Es ist bisher jedoch nicht untersucht worden, in welchem Umfang ein Rezyklieren innerhalb der Kerntechnik realisiert werden kann.

6.3.4 α-haltiger Metallschrott

In den bereits erwähnten Untersuchungen [GÖR 90] und [GÖR 89] hat sich herausgestellt, daß im Fall des signifikanten Beitrags von α-Nukliden an der Gesamtaktivität die Strahlenexposition nicht länger durch äußere Bestrahlung, sondern durch Inhalation bestimmt wird. Auf der Grundlage der Verhältnisse in den alten Bundesländern wurden die radiologischen Konsequenzen der schadlosen Verwertung von α-haltigem Metallschrott untersucht [KIS 91]. Während in den "alten" Bundesländern das Aufkommen an α-haltigem Metallschrott zur schadlosen Verwertung vergleichsweise gering ist, zeigen die Verhältnisse in den "neuen" Bundesländern, daß hier z.Z. erhebliche Mengen - Schätzungen sprechen von ca. 100 000 Mg aus dem Uranbergbau - anstehen.

Im Gegensatz zur schadlosen Verwertung von ß- und γ-kontaminiertem Material ist die Strahlenexposition im Bereich der üblichen Produktnutzung vernachlässigbar. Sie ist hingegen signifikant bei der Bearbeitung von Schrotten vor dem Einschmelzen, da zu diesem Zeitpunkt die Aktivität auf der Oberfläche vorhanden ist und leicht freigesetzt werden kann. Daneben ist wegen der Aufkonzentration von α-Strahlern in der Schlacke des Schmelzprozesses der mögliche Gebrauch dieser Schlacke etwa auf Sportplätzen zu berücksichtigen.

Neben der Umsetzung der bevorzugten Wiederverwertung in der Kerntechnik kann eine Minimierung der Strahlenexposition der allgemeinen Bevölkerung vor allem durch solche Maßnahmen erreicht werden, die eine direkte Wiederverwendung und eine Bearbeitung mit luftgetragener Aktivitätsfreisetzung von kontaminierten Oberflächen vor dem Einschmelzen unwahrscheinlich machen. Dies kann durch eine konsequente Zerkleinerung des Materials auf schmelzgerechte Dimensionen vor der Freigabe erreicht werden. In diesem Fall scheint die Einhaltung des Kontaminationswertes von 0,5 Bq/cm^2 (Gesamtalpha) ausreichend. Der meßtechnische Nachweis der Einhaltung dieses Wertes bei komplizierten Geometrien und unsauberen Oberflächen (Rost, Anstriche) ist hingegen als schwierig anzusehen.

In der Studie [KIS 91] sind Methoden und Ergebnisse dargestellt, die eine Einschätzung der Strahlenexposition der Bevölkerung infolge des Rezyklierens α-haltigen Schrotts gestatten. Ausgehend von diesen fachlichen Grundlagen hat die SSK auf ihrer Sitzung am 27./28. Juni 1991 die schadlose Verwertung von Schrott beraten, der bei Sanierung und Stillegung im Bereich des Uranerzbergbaus in den Bundesländern Sachsen und Thüringen anfällt. Als Ergebnis dieser Beratungen hat die Kommission am 28. Juni 1991 die Empfehlung "Strahlenschutzgrundsätze bei der Freigabe von Metallschrott aus der Stillegung von Anlagen des Uranerzbergbaus" [SSK 91] ausgesprochen.

Nach dieser Empfehlung kann das Material unter Einhaltung des Freigabegrenzwertes von 0,5 Bq/cm^2 und unter Beachtung nachstehend aufgeführter Bedingungen freigegeben werden:

a) Der freigegebene Schrott wird an den Schrotthandel oder direkt an einen Metallhersteller abgegeben, so daß von einem Einschmelzen des Schrotts ausgegangen werden kann.

b) In der freigegebenen Menge befinden sich keine direkt wiederverwertbaren Anlagenteile. Anlagenteile, bei denen eine Wiederverwendung möglich oder zu besorgen wäre (z.B. Pumpengehäuse, Armaturen usw.), müssen also mechanisch irreparabel zerstört werden.

c) Die Teile, aus denen die freigegebene Menge besteht, müssen schmelzgerechte Dimensionen haben, d.h. sie müssen vor der Freigabe unter Einsatz beruflich strahlenexponierter Personen und unter Beachtung der beim Umgang mit radioaktiven Stoffen üblichen Arbeitsschutzmaßnahmen so weit zerteilt werden, daß eine weitere Zerlegung vor dem Einschmelzen unnötig ist.

6.3.5 Konventionelle Beseitigung

Zur Ableitung von Grenzwerten für die konventionelle Beseitigung von schwach kontaminierten Abfällen wurde eine Untersuchung durchgeführt [WIR 88]. Dabei wurden sowohl die Deponierung als auch die Müllverbrennung unter Einbeziehung der Deponierung der bei der Verbrennung anfallenden Stäube und Schlacken betrachtet.

Ausgehend von dem bereits erläuterten Grenzwert von 10 μSv/a wurden die in Tabelle 6.3 zusammengefaßten Grenzwerte der spezifischen Aktivität abgeleitet.

6.3.6 Internationale Entwicklungen

Der Prozeß der Grenzwertfindung und -festlegung auf internationaler Ebene verläuft schleppend. Dies ist aufgrund der stark unterschiedlichen nationalen

Prioritäten und Zielsetzungen nicht verwunderlich. Es sei kurz auf die Aktivitäten der Europäischen Gemeinschaft (EG) und der Internationalen Atomenergieorganisation (IAEO) eingegangen.

Grenz-wert Bq	Radionuklide
10^{-2}	Cl 36, Tc 99, J 129
10^{-1}	Np 237, Pu 238, Pu 239, Pu 240, Am 241, Cm 244
10^{0}	Na 22, Mn 54, Fe 59, Co 58, Co 60, Zn 65, Sr 85, Sr 90, Y 88, Zr 95, Nb 94, Nb 95, Ru 103, Ag 110m, Sb 124, Sb 125, Sb 126, J 132, Cs 134, Cs 137, La 140, Pm 144, Eu 152, Eu 154
10^{1}	Co 57, Se 75, Rh 106, Cd 115, In 113m, In 114, In 115m, In 115, Sn 126, Te 129, Te 132, J 131, Ba 140, Ce 141, Eu 155, Hg 203, Cm 242
10^{2}	H 3, Cr 51, Y 91, Zr 93, Ru 106, Cd 109, Cd 115, Sn 123, Te 125, Te 127m, Te 127, Te 129m, J 125, Ce 144, Pr 144
10^{3}	C 14, P 32, S 35, Ca 45, Ni 63, Sr 89, Nb 93m, In 114, Sn 119m, Sn 121m, Pm 147, Sm 151
10^{4}	Y 90, Rh 103m, Sn 113
10^{5}	Sn 121

Tabelle 6.3: Grenzwerte der spezifischen Aktivität für die Freigabe von Abfällen zur konventionellen Beseitigung (nach [WIR 88])

Die Europäische Gemeinschaft hat im Jahre 1988 eine Empfehlung ausgesprochen [COM 88], die auf Stahl- und Eisenschrott aus Kernkraftwerken beschränkt war. Es wurde 1990 eine Arbeitsgruppe eingesetzt, welche eine Ausweitung der Empfehlung auf andere Materialien (NE-Metalle, Beton) und andere kerntechnische Einrichtungen erarbeiten soll. Dabei werden zugleich einige der neueren Erkenntnisse im Bereich der Dosisberechnung, welche beispielsweise in Kapitel 6.3.2 diskutiert wurden, zu berücksichtigen sein.

Auf den wichtigen Beitrag der IAEA zum internationalen Konsens hinsichtlich der akzeptablen Strahlenexposition wurde bereits hingewiesen [IAE 88]. Im vorliegenden Zusammenhang ist weiterhin von der IAEA ein Bericht über wichtige Einflußfaktoren für das Rezyklieren erstellt worden [IAE 88]. Die Frage der konventionellen Beseitigung wird in der Studie [IAE 87] diskutiert.

6.3.7 Meßverfahren zur Verifikation von Freigabekriterien ("Freimessung")

Für die Freigabemessung stehen derzeit folgende Verfahren zur Verfügung:

- ß-Oberflächenmessung

- γ-Spektroskopie

- Gesamt-γ-Messung

Die Voraussetzungen für die Anwendbarkeit eines bestimmten Meßverfahrens sind zunächst im Rahmen einer Voruntersuchung zu klären. Dabei sind zunächst an Materialstichproben das Radionuklidgemisch, die relativen Anteile der einzelnen Radionuklide (Nuklidvektor) sowie ihre geometrische Verteilung zu ermitteln. Aus dem Radionuklidgemisch sind die "Schlüsselnuklide" festzulegen, aus denen aus dem Nuklidvektor die Gesamtaktivität bestimmt wird.

Zusammen mit den Ergebnissen aus weiteren Untersuchungen während des Betriebes der Anlage bildet die Voruntersuchung die Grundlage für die Auswahl des für die Entscheidungsmessung geeignetsten Meßverfahrens.

Aus dem freizugebenden Material sind dazu hinsichtlich der geometrischen Aktivitätsverteilung und des Radionuklidgemischs möglichst homogene Materialchargen zu bilden.

Bei der ß-Oberflächenmessung kommen die klassischen Meßverfahren für Flächenkontaminationen zur Anwendung. Festhaftende und nichtfesthaftende Kontaminationen werden direkt bestimmt.

In gammaspektrometrischen Messungen können

- das Radionuklidgemisch

und

- die massenbezogene Aktivität

der beim radioaktiven Zerfall charakteristische Gamma- oder Röntgenstrahlung emittierenden Radionuklide ("Gammastrahler") in Materialproben bestimmt werden.

Das Meßverfahren kann im Rahmen der Freigabe eingesetzt werden, um

- anhand von einzelnen Stichproben aus einer größeren Materialcharge im Rahmen der Voruntersuchungen das Gemisch der Gammastrahler oder ihre räumliche Verteilung zu ermitteln,

- im Entscheidungsverfahren anhand einer Probe aus dem Material mit homogener Aktivitätsverteilung (bei Metallen im allgemeinen aus einer Schmelze) die Einhaltung der Richtwerte zu überprüfen.

Neuere technische Entwicklungen hat es zuletzt im Bereich der Gesamt-γ-Messung gegeben. Abbildung 6.4 zeigt eine automatisierte, transportable Freimeßanlage, die auf diesem Prinzip basiert und von der Firma NIS (Hanau) entwikkelt und zunächst bei der Demontage des Kernkraftwerks Niederaichbach eingesetzt wurde [AUL 91].

Abbildung 6.4: Transportable Freimeßanlage auf der Grundlage einer Gesamt-γ-Messung mit Flüssigszintillationsdetektoren (mit freundlicher Genehmigung der Fa. NIS, Hanau)

Das Meßprinzip beruht auf einer zählenden Messung mit 12 - 16 Flüssigszintillationsdetektoren (Gammaenergien > 150 keV). Die Nachweisgrenzen bewegen sich bei 600 Sekunden Meßzeit je nach Selbstabschirmung des Meßguts im Bereich von 300 Bq - 500 Bq für Co-60. Damit ist der sichere Nachweis von spezifischen Aktivitäten von wenigen mBq/g möglich. In der Praxis ergeben sich geringere Anforderungen an die Nachweisgrenze.

Die maximale Chargenmasse beträgt 1000 kg, die Meßzeit pro Palette inclusive Be- und Entladen 5 min. Die Meßmethode erlaubt das Messen sehr unterschiedlichen Meßguts.

Insgesamt sind bisher etwa 500 Mg sehr unterschiedliche Meßgutarten (u.a. Stahlbleche, Isolierwolle, Bauschutt, Rohrleitungen, Kabel, Filterkästen,

Blechteile) zur Entscheidung über ihre schadlose Verwertung oder konventionelle Beseitigung gemessen worden.

Es bedarf selbstverständlich auch hier einer Voruntersuchung am Meßgut, die Aufschluß über Nuklidzusammensetzung und räumliche Aktivitätsverteilung geben sollte. Die Einzelheiten des Freigabeverfahrens können auf dieser Grundlage mit der Genehmigungs- und Aufsichtsbehörde sowie dem Gutachter abgestimmt werden. Es ist dabei auch zu klären, inwieweit vorliegende Mittelungsvorschriften (bei der Kontamination ist nach Anlage IX StrlSchV über 100 cm^2 zu mitteln) erfüllt sind bzw. wie diese Vorgaben sinngemäß zu übertragen sind.

Man hat in Verbindung mit den aus dem Dosisrichtwert von 10 μSv/a abgeleiteten Grenzwerten oft die Behauptung gehört, diese seien meßtechnisch nicht mehr verifizierbar. Die beschriebene Anlage ist für ß-, γ-kontaminiertes Material der ingenieurtechnisch geführte Beweis des Gegenteils.

6.4 Radioaktive Abfälle

6.4.1 Rohabfälle

Der wesentliche Teil der Stillegungsabfälle resultiert aus

- dem Abriß von Gebäuden und

- der Demontage von Anlagenteilen

Die Gebäudestrukturen (Beton, Bewehrungsstahl, sonstige Baustoffe) können kontaminiert und aktiviert sein. Im einzelnen handelt es sich um den Abtrag kontaminierter, zum Teil beschichteter Oberflächen und um Zerlegeprodukte aktivierter Strukturen. Letztere treten bei der Demontage von Betonabschirmungen auf, die einer Neutronenstrahlung ausgesetzt waren (z.B. Biologischer Schild bei DWR).

Abfälle aus Anlagenteilen eines LWR können demontierte Komponenten aus folgenden Bereichen sein:

- Nukleare Hilfs- und Nebenanlagen,

- elektrische Einrichtungen (Motoren, Antriebe, Leittechnik, Kabel, Batterien),

- Komponenten der konventionellen Kraftwerksanlage (Turbine, Generator, Kondensator),

- Stahlbau (Konstruktionen, Hebezeuge, Aufzüge),

- Sicherheitshülle (Stahl), Liner,

- Isolationsmaterial (z.B. Glaswolle, Asbest, Bleiabschirmungen, Isolierkassetten).

Bei der Stillegung von Hochtemperaturreaktoren fallen zusätzlich an:

- Reflektormantel, Decken- und Bodenreflektor,

- Graphitsäulen für Abschaltstäbe sowie

- Moderator- und Absorberkugeln.

Ein gegenüber Kernkraftwerken grundsätzlich anderes Kontaminationsspektrum ergibt sich bei Anlagen des nuklearen Kernbrennstoffkreislaufs. So bestehen bei der Stillegung der Wiederaufarbeitungsanlage Karlsruhe (WAK) gegenüber einem Leistungsreaktor folgende Besonderheiten:

- Vergleichsweise große Mengen an Sekundärabfällen aufgrund von Anlagenspülungen und Dekontaminationsarbeiten,

- kleine Komponenten und Anlagenteile (Ausnahme: Tankanlagen),

- überwiegend austenitische Werkstoffe bei den Anlagenteilen,

- vergleichsweise große Mengen an Betonstrukturen aus Zellen des Prozeßgebäudes,

- hohe Kontamination mit α-Strahlern,

- das Aktivitätsinventar resultiert ausschließlich aus Kontamination und nicht aus Aktivierung,

- vergleichsweise geringer Anteil wirtschaftlich verwertbarer metallischer Komponenten (geringe Komponentenmassen, aber hoher Meßaufwand).

Im Zuge der Durchführung von Stillegungsarbeiten gelangen zusätzliche Einrichtungen und Medien in die Anlage, die zuvor nicht benötigt wurden. Beispiele hierfür sind Dekontaminationsflüssigkeiten, neu installierte Systeme (Lüftung, Hebezeuge, Einrichtungen zur Konditionierung und Verpackung etc.), Kühlwasser, Schneidmittel (Elektroden, Strahlmedien) und Werkzeuge. Diese zusätzlichen Massen werden als "Sekundärmassen" bezeichnet. Der endzulagernde radioaktive Teil der Sekundärmassen gilt als "Sekundärabfall".

Feste Sekundärabfälle sind z.B. nicht verwertbare

- kontaminierte, verbrauchte Werkzeuge, Elektroden etc.,

- Arbeitskleidung, Putzmittel,

- Arbeitsbühnen, spezielle Vorrichtungen und Geräte,

- Schutzhallen/Zelte über Demontageorten.

Flüssige Sekundärabfälle sind z.B.

- Dekontaminationslösungen,

- Spülwässer,

- Kühlmittel, Schneidflüssigkeiten,

- Strahlwässer,

- Reinigungsflüssigkeiten etc.

Fugenmaterial und Filter - letztere etwa mit Schneidstäuben beladen - entziehen sich genau genommen der Trennung in Primär- und Sekundäranteile, da in beiden Gruppen Bestandteile sowohl des ursprünglichen Anlageninventars als auch des zum Zwecke der Stillegung bereitgestellten Materials (Schneidstoffe wie Pulver, Elektroden bzw. Filtermedien) enthalten sind. Es ist aber üblich und sinnvoll [WAT 87], diese Stoffe den Sekundärabfällen zuzuordnen, da sie anders als die Primärabfälle zu behandeln sind.

6.4.2 Konditionierung

Der Begriff Konditionierung umfaßt die Gesamtheit aller Maßnahmen zur Umwandlung eines radioaktiven Rohabfalls in ein zwischen- bzw. endlagerfähiges Gebinde. Dies ist schematisch in Abbildung 6.5 dargestellt.

Zunächst sei auf die zur Verfügung stehenden Abfallbehälter eingegangen. In Tabelle 6.4 sind die Behältergrundtypen, die für die Verpackung von Stillegungsabfällen mit vernachlässigbarer Wärmeentwicklung zur Verfügung stehen, entsprechend dem heutigen Stand aufgelistet. Dazu sei auf die Arbeit [BRE 90] verwiesen. Die Behälterstandardisierung sieht drei Behältergrundtypen vor:

- zylindrische Betonbehälter,

- zylindrische Gußeisenbehälter,

- Container.

In Abbildung 6.6 sind Beispiele für diese Behältergrundtypen schematisch dargestellt. In [BRE 90] sind die Anforderungen an die Behälter wie Außenabmessungen, Gesamtmasse, Anschlagpunkte, Werkstoffe etc. festgelegt. Behälterwerkstoffe sind Stahlblech, armierter Normal- bzw. Schwerbeton sowie Gußwerkstoffe mit oder ohne Zusatzauskleidung; Kombinationen dieser Werkstoffe sind möglich.

Bei der Behandlung der Rohabfälle ist zwischen flüssigen und festen Abfällen zu unterscheiden.

Flüssige Rohabfälle (z.B. Dekontwässer, Kühlmittel, Öle) werden mit Hilfe unterschiedlicher Verfahren in ein festes Abfallprodukt überführt. Hierzu werden folgende Verfahren und Kombinationen dieser Verfahren eingesetzt:

- Verdampfen in Verdampferanlagen ([LAS 86], [STE 86]),

- Dekantieren, Zentrifugieren, Filtration ([LAS 86], [STE 86]),

- Fixieren mit Hilfe von Bindemitteln (z.B. Zement),

- Trocknung, Entwässerung [ENG 85],

- Verbrennung brennbarer Flüssigkeiten (z.B. Lösungsmittel).

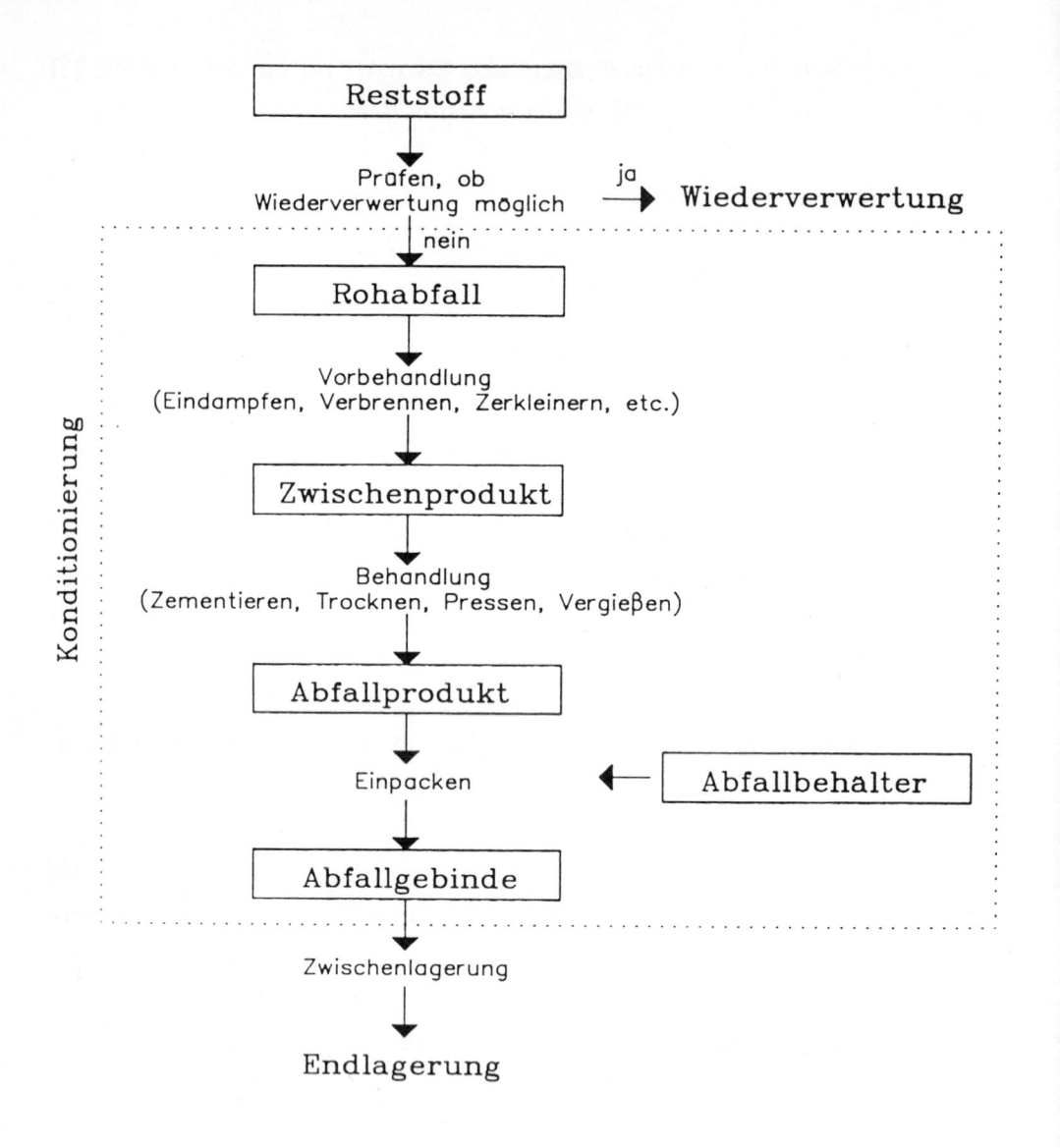

```
                    ┌─────────────┐
                    │  Reststoff  │
                    └──────┬──────┘
                           │
                    Prüfen, ob              ja
              Wiederverwertung möglich  ──────▶  Wiederverwertung
                           │ nein
                    ┌─────────────┐
                    │  Rohabfall  │
                    └──────┬──────┘
                           │
                     Vorbehandlung
           (Eindampfen, Verbrennen, Zerkleinern, etc.)
                           │
                  ┌─────────────────┐
                  │  Zwischenprodukt │
                  └────────┬─────────┘
                           │
                      Behandlung
         (Zementieren, Trocknen, Pressen, Vergießen)
                           │
                   ┌──────────────┐
                   │ Abfallprodukt│
                   └──────┬───────┘
                           │
                       Einpacken      ◀──  ┌──────────────┐
                           │                │ Abfallbehälter│
                           │                └──────────────┘
                   ┌──────────────┐
                   │ Abfallgebinde│
                   └──────┬───────┘
                           │
                     Zwischenlagerung
                           │
                       Endlagerung
```

(Konditionierung umfasst Rohabfall bis Abfallgebinde)

<u>Abbildung 6.5:</u> Begriffe und Schrittfolge bei der Entsorgung radioaktiver Reststoffe

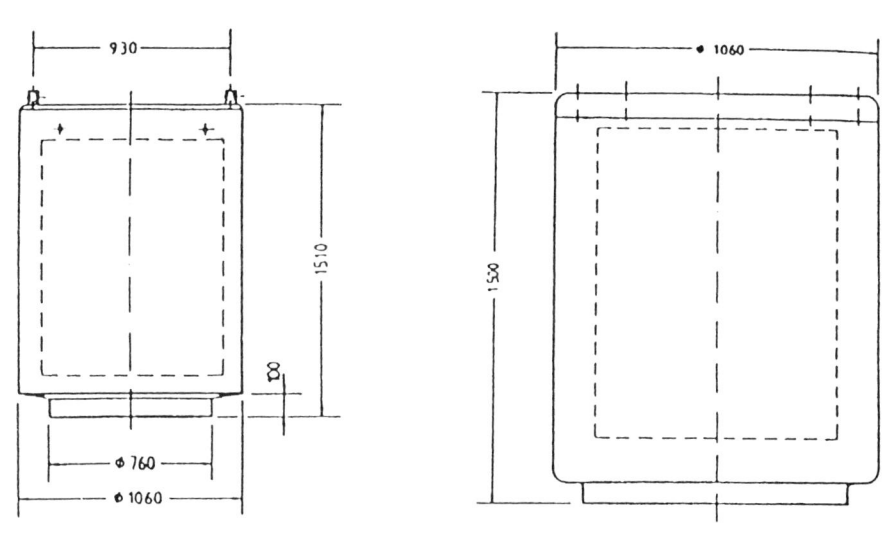

Betonbehälter Typ II   Gußbehälter Typ II

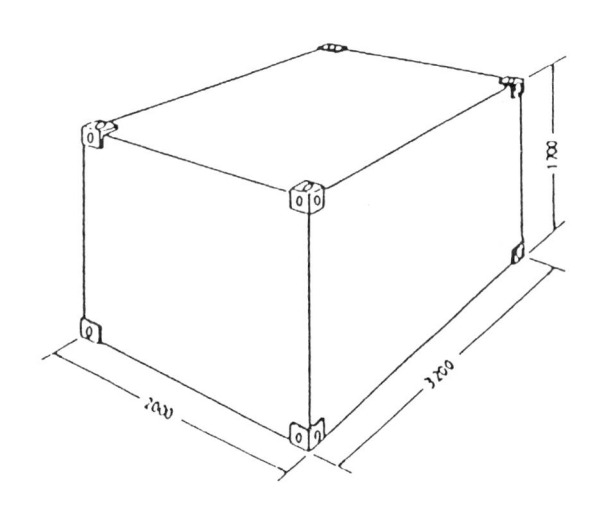

Stahlcontainer Typ V

<u>Abbildung 6.6:</u> Schemtische Darstellung der Behältergrundtypen zur Aufnahme von Stillegungsabfällen (nach [BRE 90])

	Außenabmessungen			Brutto-volumen
	Länge Durchm. mm	Breite mm	Höhe mm	m³
Betonbehälter Typ I	⌀1060	--	1370[1]	1,2
Betonbehälter Typ II	⌀1060	--	1510[2]	1,3
Betonbehälter Typ III	⌀1400	--	2000	3,1
Gußbehälter Typ I	⌀ 900	--	1150	0,7
Gußbehälter Typ II	⌀1060	--	1500[3]	1,3
Gußbehälter Typ III	⌀1000	--	1240	1,0
Container Typ I	1600	1700	1450[4]	3,9
Container Typ II	1600	1700	1700	4,6
Container Typ III	3000	1700	1700	8,7
Container Typ IV	3000	1700	1450[4]	7,4
Container Typ V	3200	2000	1700	10,9
Container Typ VI	1600	2000	1700	5,4

[1] Höhe 1370 mm + Lasche von 90 mm = 1460 mm
[2] Höhe 1510 mm + Lasche von 90 mm = 1600 mm
[3] Höhe 1370 mm beim Typ KfK
[4] Stapelhöhe 1400 mm beim Typ KfK

Containerwerkstoffe sind z.B. Stahlblech, armierter Beton oder Gußwerkstoff

Tabelle 6.4: Behältergrundtypen für die Verpackung von radioaktiven Abfällen mit vernachlässigbarer Wärmeentwicklung (nach [BRE 90])

Das Hauptverfahren zur Vorbehandlung von anorganischen Flüssigkeiten ist das Verdampfen. In einem nachfolgenden Behandlungsschritt werden die Verdampferkonzentrate mit Hilfe von Trocknungsverfahren (z.B. Vakuumtrocknung, Walzentrocknung) in ein festes Abfallprodukt überführt. Die Verfestigung von Flüssigkeiten mit Hilfe von Bindemitteln wird wegen der dadurch bedingten Volumenvergrößerung an Bedeutung verlieren.

Feste Rohabfälle (Metallteile, Kabel, Bauschutt etc.) werden in brennbare und nicht brennbare Anteile sortiert und danach durch folgende Verfahren behandelt:

- Brennbare Abfälle werden verbrannt; die Verbrennungsrückstände werden hochdruckverpreßt und die Preßlinge in Container verpackt.

- Nicht brennbare Abfälle werden hochdruckverpreßt; die Preßlinge werden in Container verpackt.

- Nicht brennbare, sperrige Teile oder Schüttgut werden ohne weitere Behandlung in Container verpackt und mit Bindemittel fixiert.

Wenn aus wirtschaftlichen oder strahlenschutztechnischen Gründen eine Sortierung nicht sinnvoll ist, werden die festen Rohabfälle ohne Sortierung ausschließlich hochdruckverpreßt. Abfälle, die noch Feuchtigkeit enthalten, werden nach der Hochdruckverpressung mit Hilfe von Wärme und Vakuum getrocknet. Diese Trocknung wurde 1990 eingeführt, um die Gasbildung (Wasserstoff) durch Korrosionsmechanismen in den verpreßten Abfällen zu begrenzen.

Den genannten Behandlungsverfahren ist vielfach eine Vorbehandlung vorgeschaltet, welche die folgenden Ziele verfolgt:

- Volumenminimierung der Abfälle,

- Ermöglichung einer Verwertung,

- Umwandlung in handhabbare Zwischenprodukte (Zerkleinerung, Dosisleistungsreduktion).

Die Vorbehandlung umfaßt im wesentlichen die Dekontamination und das Zerlegen von ausgebauten Anlagenteilen. Dekontaminationsmethoden, die in der Praxis meist kombiniert angewendet werden, sind (vgl. auch Kapitel 3):

- Mechanische Behandlung, d.h. Absaugen, Abbürsten, Abwaschen, Abspritzen, Abstrahlen mit Hochdruckwasserstrahl oder mit Strahlgut sowie mechanische Oberflächenabtragung wie Schleifen, Hobeln, Fräsen,

Drehen.

- Chemische Behandlung, d.h. Ablösen der radioaktiven Stoffe von der Oberfläche mit verschiedenen chemischen Mitteln, wobei die Oberfläche mehr oder weniger stark korrodiert wird (Beizen, Elektropolieren).

Zum Zerkleinern von Gegenständen können folgende mechanische oder thermische Verfahren verwendet werden:

- Sägen, z.B. mit Kreissägen, Bügelsägen, Bandsägen.

- Mechanisches Schneiden, z.B. mit hydraulischen Scheren.

- Thermisches Schneiden, z.B. mit Autogenschneidgeräten, Plasmaschneidgeräten, Sauerstofflanzen.

- Mechanisches Schleifen, z.B. mit Trennschleifer.

Für eine ausführliche Übersicht über den Stand der Konditionierungstechnik und weitere wichtige Aspekte der Konditionierung von Stillegungsabfällen wird auf die Studie [GÖR 91] verwiesen.

6.4.3 Zwischen- und Endlagersituation

In den alten Bundesländern der Bundesrepublik Deutschland werden zwei Projekte zur Endlagerung von radioaktiven Abfällen verfolgt. Es handelt sich einmal um die ehemalige Eisenerzgrube "Konrad" in Salzgitter, zum anderen um den Salzstock Gorleben. In beiden Einrichtungen sollen radioaktive Abfälle im tiefen geologischen Untergrund eingelagert werden.

Bei der Endlagerung radioaktiver Abfälle muß durch ein System aus natürlichen und technischen Barrieren sichergestellt werden, daß radioaktive Stoffe nicht in schädlichen Mengen in die Umwelt gelangen können.

Das geplante Endlager in der ehemaligen Eisenerzgrube Konrad soll radioaktive Abfälle mit vernachlässigbarer Wärmeentwicklung aufnehmen. Die Schachtanlage Konrad erfüllt nach Aussage der Antragsunterlagen für das Planfeststellungsverfahren die in den Sicherheitskriterien für die Endlagerung radioaktiver Abfälle in einem Bergwerk [SEA 83] festgeschriebenen Anforderungen: Die ehemalige Eisenerzgrube zeichnet sich durch Trockenheit, durch ein Deckgebirge mit sehr geringer Wasserdurchlässigkeit und eine große Tiefe aus. Neben der natürlichen Barriere "Deckgebirge" stellen die Verfestigung der Abfälle (z.B. Zement), ihre Verpackung sowie die Verfüllung der Endlagerkammern und der Strecken technische Barrieren dar.

Das Planfeststellungsverfahren für den Schacht Konrad befindet sich in einem fortgeschrittenen Stadium; ein Einlagerungsbeginn Mitte der 90er Jahre wird seitens des Antragstellers angestrebt.

Im Gegensatz zu "Konrad" soll das Endlager im Salzstock Gorleben auch wärmeentwickelnde radioaktive Abfälle aufnehmen. Nach Abschluß der übertägigen Erkundung im Jahre 1983 wurde mit der untertägigen Erkundung begonnen, die 1998 abgeschlossen sein soll. Als möglicher Termin für die Inbetriebnahme dieses Endlagers wird das Jahr 2010 genannt.

Bei den Ablieferungspflichtigen stehen in der Regel Transportbereitstellungshallen oder Lagerräume für eine längerfristige Zwischenlagerung von radioaktiven Abfällen zur Verfügung oder sind geplant. Darüber hinaus können Abfallgebinde in externen Zwischenlagern temporär gelagert werden. In den alten Bundesländern stehen hierzu das Faßlager Gorleben (Zwischenlager für radioaktive Abfälle aus Kernkraftwerken, Medizin, Forschung und Gewerbe) und die Sammelstelle Mitterteich (Zwischenlager für radioaktive Abfälle aus Kernkraftwerken; Landessammelstelle) zur Verfügung, wobei die Anlage in Mitterteich ausschließlich für die Zwischenlagerung von radioaktiven Abfällen aus Bayern vorgesehen ist.

In der Bundesrepublik Deutschland steht danach für die Zwischenlagerung von unkonditionierten und konditionierten radioaktiven Abfällen ein Volumen von insgesamt etwa 124 400 m³ zur Verfügung, von denen

- ca. 123 000 m³ auf die Zwischenlagerung radioaktiver Abfälle mit vernachlässigbarer Wärmeentwicklung und

- ca. 1 200 m³ auf die Zwischenlagerung wärmeentwickelnder radioaktiver Abfälle entfallen.

Der derzeit geplante Zubau an Zwischenlagerkapazität beläuft sich auf etwa 3.900 m³, die nach heutigem Planungsstand ausschließlich für radioaktive Abfälle mit vernachlässigbarer Wärmeentwicklung vorgesehen sind [BRS 90]. Der derzeitige mittlere Ausnutzungsgrad der Gesamtkapazität beträgt ca. 40 %.

6.5 Separierung der anfallenden Massen in die Bereiche Verwertung, konventionelle Beseitigung und radioaktive Abfälle

6.5.1 Einflußfaktoren

Nach § 9a AtG sind anfallende Materialien bevorzugt schadlos zu verwerten. Für eine solche Verwertung kommt der größte Teil der abgebauten Anlagenteile aus Metall in Frage. Dabei besteht die gemäß SSK-Empfehlung grundsätzlich zu bevorzugende Option einer kontrollierten Wiederverwertung in der Herstellung von Gegenständen für die Kerntechnik, ggf. in einer eingeschränkten Verwertung außerhalb der Kerntechnik. Daneben besteht die Möglichkeit einer freien Verwertung. Für eine sehr begrenzte Menge der Anlagenteile (Motoren, Antriebe, Hebezeuge, Paletten u.ä.) kommt eine Wiederverwendung in anderen Einsatzbereichen in Frage. Der industrielle Anwender wird unter den zulässigen Lösungen nach der kostengünstigsten suchen.

Eine genaue Analyse der Kosten für eine "Verwertungsoption" hängt von einer

Vielzahl von Einflußgrößen ab, so daß eine detaillierte Kostendiskussion problematisch erscheint und darüber hinaus den Rahmen dieses Buches sprengen würde.

Allgemein gesehen setzen sich die Kosten zusammen aus Beiträgen für:

- Dekontamination, Behandlung der dabei entstehenden Sekundärabfälle,

- Nachweise (Freimessung, Dokumentation, Begutachtung),

- Planung, Projektleitung.

Dem stehen mögliche Verkaufserlöse gegenüber. Entscheidend ist der Kostenvergleich mit anderen zur Verfügung stehenden Optionen. Die Kostensituation für die Endlagerung ist noch nicht endgültig geklärt, es wird jedoch erwartet, daß sich hier erhebliche spezifische Kosten ergeben. Genannt werden 3000 DM/Mg, aber auch deutlich höhere Werte. Mögliche Verkaufserlöse sind demgegenüber gering. Davon auszunehmen sind einige Nichteisenmetalle (Kupfer und Kupferlegierungen sowie Nickellegierungen).

In [LÖR 83] wurde eine Kostenanalyse der Verwertung unternommen, es wurde allerdings festgestellt, daß die bestehenden Unsicherheiten zu groß sind, um allgemeingültige Aussagen zur Kosten-Nutzen-Problematik machen zu können.

Für die Option des kontrollierten Einschmelzens werden Beiträge von ca. 6000 DM/Mg genannt. Hier entstehen vergleichsweise geringe Kosten im Bereich der Nachweise.

6.5.2 Erfahrungs- und Planungswerte

Wie bereits in Kapitel 4 diskutiert, liegen aus den bereits durchgeführten Stillegungsprojekten Erfahrungen vor, wie sich die anfallenden Massen auf die Bereiche "Verwertung", "konventionelle Beseitigung" und "radioaktive Abfälle" verteilen. Als besonders nützlich sind in diesem Zusammenhang die im Kernkraftwerk Gundremmingen, Block A (KRB-A), angefallenen Daten anzusehen. Bei den Abbaumaßnahmen im Maschinenhaus dieser Anlage fielen insgesamt 3800 Mg Material mit folgender prozentualer Zusammensetzung an [EIC 90]:

- 81 % Metall (40 % frei verwertbar, 41 % kontrolliert verwertbar)

- 14 % Beton

- 1 % Öl

- 1 % E-Motoren

- 1 % Isolierung

- 2 % schwachaktiver Abfall

Der Anteil des radioaktiven Abfalls von 2 % der - erheblichen - Gesamtmasse von 3800 Mg ist als gering anzusehen. Bei der Übertragung dieser Daten auf die vollständige Beseitigung von Kernkraftwerken ist zu beachten:

- Die aktivierten Massen von RDB, Einbauten und Biologischem Schild sind dem radioaktiven Abfall zuzurechnen (insgesamt im Falle des DWR ca. 1400 Mg).

- Beim Abriß einer Anlage fallen große Mengen praktisch aktivitätsfreier Gebäudereststoffe an.

- Primärkreis und nukleare Hilfsanlagen weisen demgegenüber eine z.T. deutlich höhere Kontamination auf.

Abbildung 6.7 enthält den aktuellen Planungsstand, der sich aus der Analyse der Gesamtheit der vorliegenden Erfahrungswerte sowie aus praktischen Durchführungskonzepten ergibt. Einschließlich der Sekundärabfälle (500 Mg) ergibt sich ein Anteil radioaktiver Abfälle von ca. 2 % bezogen auf die Kontrollbereichsprimärmasse. Etwa 75 % der Masse der Anlagenteile werden verwertet.

Der Beton der Gebäudestrukturen macht den Hauptmassenanteil der beim Abbau von KKWen entstehenden Reststoffe aus. Nur ein geringer Teil dieser Masse ist überhaupt kontaminiert. Er kann daher praktisch komplett als Bauschutt deponiert oder der Baustoffrezyklierung zugeführt werden. Wegen der stark gestiegenen Deponiekosten ist die Bedeutung des Rezyklierens von Baustoffen in den letzten Jahren stark gestiegen.

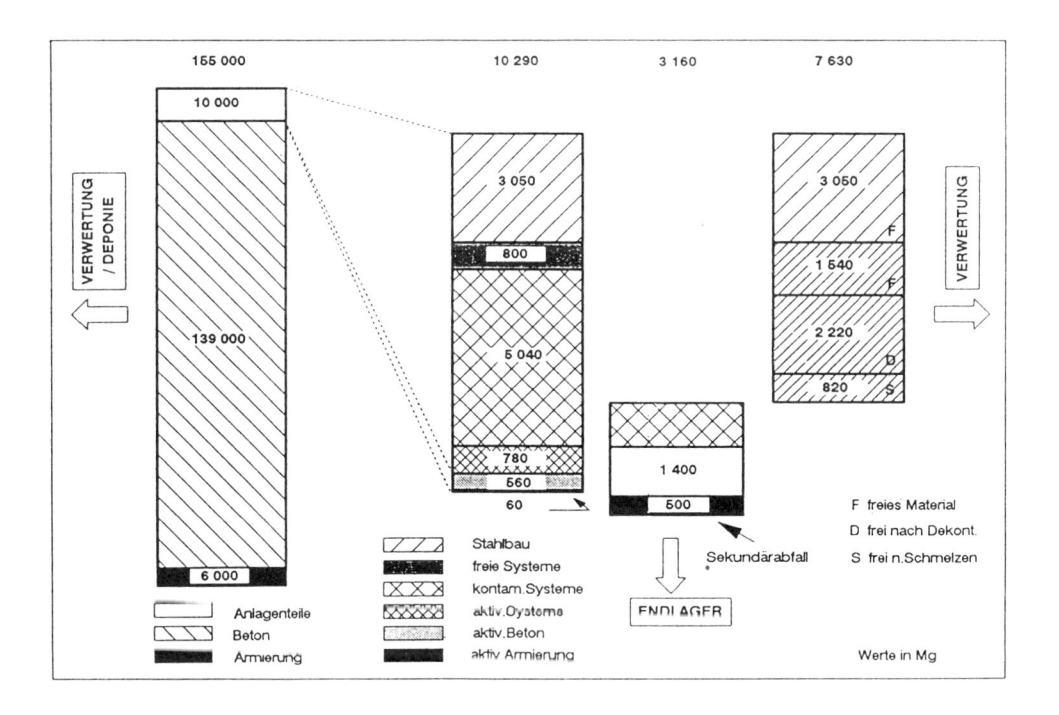

Abbildung 6.7: Gesamtmassenverteilung des Kontrollbereiches bei DWR-Anlagen (nach [WAT 90])

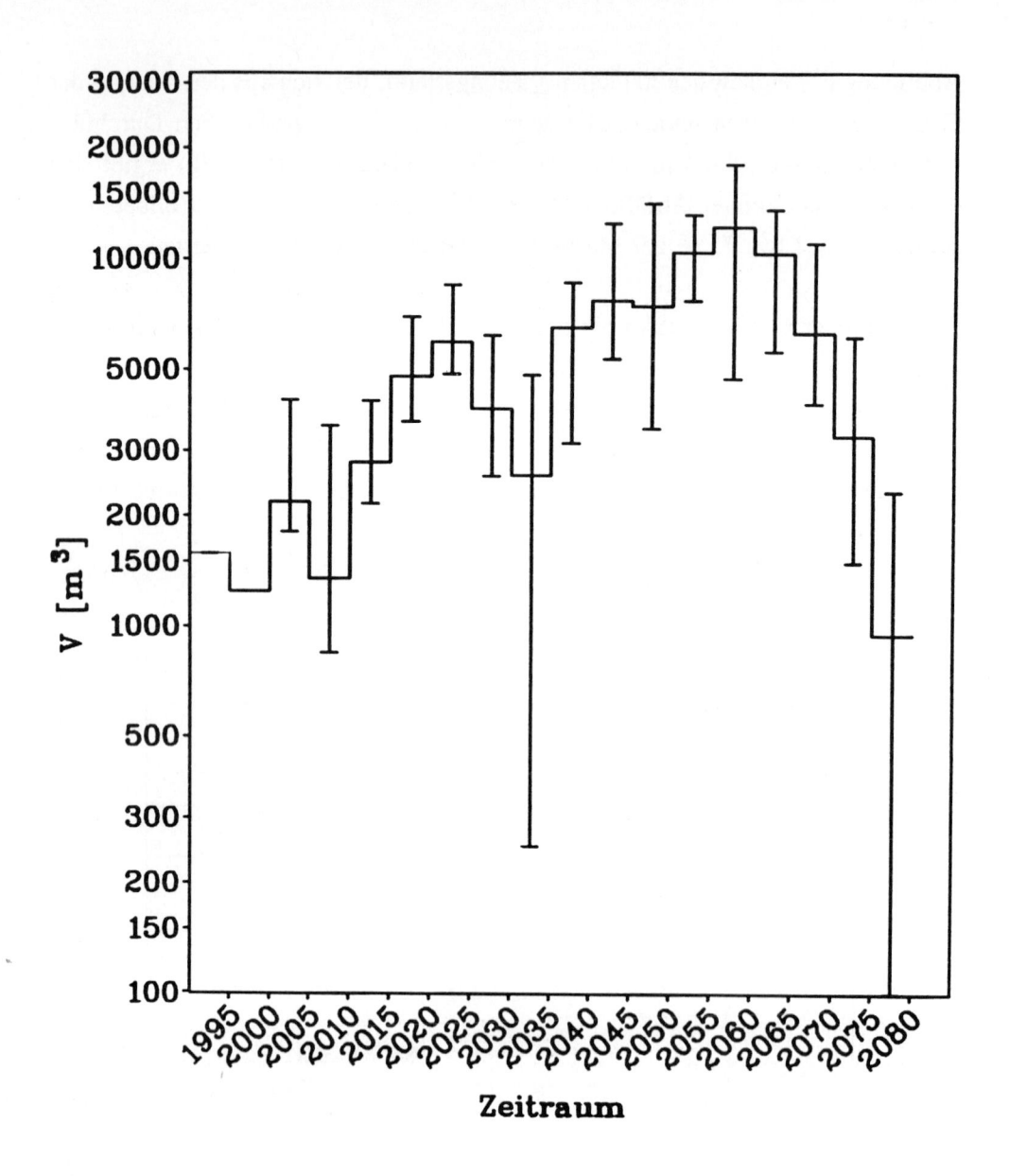

Abbildung 6.8: Aufkommen der Stillegungsabfälle für die Bundesrepublik Deutschland (- : Mittelwert / I : Schwankungsbereich)
- alte Bundesländer -
V: Volumen der Endlagergebinde

6.5.3 Prognose des Aufkommens an Stillegungsabfällen

In [GÖR 91] wurde das Aufkommen an Stillegungsabfällen für die Länder der bisherigen BRD abgeschätzt. Dabei wurde jeweils von der sofortigen Beseitigung ausgegangen, die angegebenen Endlagervolumina (Tabelle 6.5) beruhen auf einer Verpackung gemäß den vorläufigen Annahmebedingungen für das Endlager Konrad [BRE 90].

In der genannten Studie wurde das zeitliche Aufkommen der Stillegungsabfälle modellmäßig mit dem Verfahren der statistischen Simulation ermittelt. Wesentliche Annahmen des Szenarios sind:

- Die Betriebszeiten der Anlagen schwanken zwischen 30 und 50 Jahren.

- Die verzögerte Beseitigung ist ca. zehnmal wahrscheinlicher als die sofortige Beseitigung.

Die Ergebnisdarstellung (Abbildung 6.8) enthält die Angabe der Spanne und des Mittelwertes. Die Spanne aus Maximum und Minimum kann zugleich als Indikator für die Vorhersagesicherheit angesehen werden.

Bis zum Jahr 2000 bewegt sich das Aufkommen der Stillegungsabfälle deutlich unterhalb des derzeitigen Gesamtaufkommens von ca. 4200 m^3/a.

Die Langzeitprognose der Stillegungsabfälle sagt für die erste Hälfte des nächsten Jahrhunderts ein jährliches Aufkommen von typisch 1000 m^3/a bis 2000 m^3/a mit zeitlich im Mittel ansteigender Tendenz voraus, wobei mit Schwankungen um die typischen Werte zu rechnen ist. Vergleicht man die Werte mit dem derzeitigen Gesamtaufkommen von ca. 4200 m^3/a, so erkennt man, daß sich durch die Stillegungsabfälle auch langfristig gesehen keine substantiellen Erhöhungen im Jahresaufkommen aller radioaktiven Abfälle ergeben. Ein Szenario für das Gesamtaufkommen über das Jahr 2000 hinaus müßte im übrigen die Reduktion des Aufkommens der Betriebsabfälle durch die Stillegungen berücksichtigen, sofern nicht stillgelegte durch neue Anlagen ersetzt werden. Es sei jedoch darauf hingewiesen, daß im Rahmen der genannten Untersuchung ein möglicher Zubau weiterer kerntechnischer Anlagen nicht berücksichtigt wurde.

Abschließend sei erwähnt, daß jüngste Erfahrungen im Bereich der Konditionierungsverfahren und der Rezyklierungstechnik gegenüber den hier angesetzten Schätzungen von der Tendenz her noch geringere Abfallvolumina erwarten lassen.

	Endlagervolumen (m^3)
DWR in Betrieb	42 650
SWR in Betrieb	39 500
Sonstige	500
Stillgelegte Kernkraftwerke	24 300
Anlagen der nuklearen Entsorgung und des Kernbrennstoffkreislaufs	10 000
Forschungs-, Materialtest- und Unterrichtsreaktoren	800
	117 750

Tabelle 6.5: Abfallaufkommen aus dem Bereich der Stillegung kerntechnischer Anlagen (alte Bundesländer)

7. DAS MIT DER STILLEGUNG KERNTECHNISCHER ANLAGEN VERBUNDENE RISIKO

7.1 Die Änderung des Risikos beim Übergang in die Nachbetriebsphase

Gemäß den Ausführungen in Kapitel 2.2 wird angenommen, daß noch im Rahmen der Betriebsgenehmigung

- die Brennelemente ausgeladen und aus der Anlage entfernt wurden,

- Betriebsabfälle und Medien, soweit dies der Betriebsroutine entspricht, entsorgt wurden sowie

- Systeme weitgehend abgeschaltet und somit Druck- und Temperaturgradienten weitgehend reduziert sind.

Es wurde bereits darauf hingewiesen, daß dies nicht in allen Fällen - insbesondere nicht für alle Reaktortypen - zutrifft und die genannten Entsorgungsvorgänge u.U. erst im Rahmen der Stillegung i.e.S. erfolgen können. Die sich anschließenden Erörterungen gelten dann erst, nachdem die entsprechenden Maßnahmen durchgeführt wurden.

Gegenüber der Betriebsphase ist mit der Entfernung der Kernbrennstoffe eine substantielle Reduktion der in der Anlage vorhandenen Aktivitätsmenge eingetreten. Neben den angesprochenen Entsorgungsvorgängen trägt dazu auch der radioaktive Zerfall kurzlebiger Radionuklide bei.

Im Falle eines Leichtwasserreaktors beträgt diese Reduktion ca. 3-4 Größenordnungen. Von ursprünglich mehr als 10^{20} Bq befinden sich zu Beginn der Stillegung noch ca. 10^{17} Bq als fest gebundene Aktivierungsprodukte in den kernnahen Komponenten sowie ca. 10^{13} Bq als Ablagerungen in Systemen und auf Gebäudeoberflächen.

Wegen der weitgehenden Außerbetriebnahme der Systeme und der starken Reduktion von Druck- und Temperaturgradienten fallen eine ganze Reihe von Mechanismen weg, die als Auslöser für einen Störfall dienen können (z.B. Überdruckversagen von Behältern und Rohrleitungen, unzureichende Nachwärmeabfuhr, Turbinenzerknall).

Die Anlage unterliegt gleichwohl weiterhin der atomrechtlichen Aufsicht, die in der Genehmigung festgelegten Überwachungsmaßnahmen werden weiter durchgeführt. Das Barrierensystem zur Rückhaltung von Radionukliden besteht fort.

Solche Barrieren sind im wesentlichen:

- Gebäudewände,

- Filter,

- Wandungen der Komponenten,

- Containment,

- die Komponente selbst (bei Aktivierung),

- bei Abfallgebinden die Matrix und die Verpackung.

Für auf Gebäudeoberflächen abgelagerte Radionuklide bestehen Barrieren lediglich in den Luftfiltern und den Gebäudestrukturen, gegebenenfalls kommt das Containment hinzu. Durch Aktivierung in der Kernumfassung entstandene Radionuklide werden zusätzlich von der Komponente selbst und dem gesamten Primärkreis an der möglichen Freisetzung gehindert.

Aus den vorstehenden Erörterungen darf aber nicht geschlossen werden, daß eine stillgelegte kerntechnische Anlage generell kein bzw. ein vernachlässigbares Risiko darstellt.

Eine Freisetzung ist beispielsweise dann denkbar, wenn durch innere oder äußere Einwirkung die genannten Barrieren beeinträchtigt werden. Bezüglich der inneren Einwirkungen wird man so auf eine Unterscheidung der Einschlußphase und der Beseitigungsphase geführt. Während des Einschlusses sind innere Einwirkungen, welche zu einer Zerstörung der Barrieren führen können, als sehr unwahrscheinlich anzusehen. Bei Abbaumaßnahmen ist eine Zerstörung der Barrieren unvermeidlich, wobei diese dann, falls erforderlich, temporär durch andere (z.B. Aufbau von Schutzzelten) ersetzt werden müssen.

Aus dem Vorstehenden ergibt sich folgende Gesamtbewertung:

- Das Gefährdungspotential einer stillgelegten kerntechnischen Anlage ist in der Regel um mehrere Größenordnungen geringer als während des Betriebs. Entscheidende Voraussetzung ist der Abtransport der Brennelemente.

- Es kann daraus nicht geschlossen werden, daß ein stillgelegtes Kernkraftwerk keinerlei Risiko für die Umgebung darstellt.

- Das verbleibende Risiko ist typisch für den Umgang mit radioaktiven Stoffen. Zu Freisetzungen kann es kommen, wenn das Barrierensystem zur Rückhaltung von Radionukliden beeinträchtigt wird. Damit kommt den Phasen aktiver Stillegungstätigkeit, in erster Linie im Falle von Abbaumaßnahmen, besondere Bedeutung zu, da hier in das Barrieresystem eingegriffen wird.

Im folgenden wird das Spektrum möglicher Störfälle in stillgelegten kerntechnischen Anlagen konkretisiert.

7.2 Mögliche Störfälle

Die in einer stillgelegten Anlage denkbaren Störfälle lassen sich hinsichtlich ihrer Auswirkungen auf die Umgebung in vier Kategorien einteilen:

- Störfälle mit Freisetzung in die Atmosphäre,

- Störfälle mit Freisetzung flüssiger radioaktiver Stoffe,

- Freigabe fester radioaktiver Stoffe oberhalb von Genehmigungswerten,

- Störfälle ohne Auswirkung auf die Umgebung.

Darüber hinaus sind Kombinationen der verschiedenen Auswirkungen möglich, diese sollen jedoch hier nicht diskutiert werden.

Die ersten drei Kategorien lassen sich als Erweiterung aus der vierten Kategorie ableiten, indem das Versagen weiterer Barrieren unterstellt wird.

Störfälle mit Austritt aktiver Flüssigkeiten sind beispielsweise denkbar im Falle von Überflutung der Anlage durch Hochwasser und anschließender Aktivitätsausschwemmung oder bei Auslaufen von Löschwässern im Brandfall. Für eine mehr ins Einzelne gehende Diskussion wird auf [GÖR 87] und [SMI 78] verwiesen.

Der Fall drei kann eintreten, wenn durch defekte Meßgeräte oder falsche Meßverfahren radioaktive Stoffe zur freien Verwertung oder Beseitigung gelangen, die eigentlich als radioaktiver Abfall zu beseitigen wären. Es kann aber davon ausgegangen werden, daß sowohl durch eine verantwortliche Gestaltung des Freimeßverfahrens in organisatorischer und technischer Hinsicht durch den Betreiber sowie durch behördliche Kontrollen dieses Risiko hinreichend klein gehalten wird. Hierzu sei auf die Ausführungen zur Freimessung in Kapitel 6 sowie auf Diskussionen in [GÖR 91] verwiesen.

Die erste Kategorie ist hinsichtlich Eintrittswahrscheinlichkeit und Auswirkungen die bedeutsamste. Die Diskussion wird im folgenden darauf beschränkt.

Die Ereignisabläufe möglicher Störfälle lassen sich charakterisieren nach:

- auslösendem Ereignis,

- freisetzungsbestimmendem Ereignis in der Anlage,

- in der Anlage freigesetzter Aktivität,

- Rückhaltewirkung des Barrierensystems.

Als auslösende Ereignisse kommen anlageninterne Vorgänge, Sturm, Blitzschlag, Erdbeben, Explosionsdruckwellen und Flugzeugabsturz in Frage.

Zu den freisetzungsbestimmenden Ereignissen in der Anlage gehören:

- Mechanische, thermische oder chemische Einwirkung (ohne Brand) auf aktives Material (Beispiel: Ungeplante Anwendung einer thermischen Trenntechnik auf kontaminierte Rohrleitungen),

- Leckagen in aktivitätsführenden Systemen (Leckage ist hier im weitesten Sinne zu verstehen. Dazu gehören beispielsweise auch Filterversagen und Ausfall einer lokalen Absaugung),

- Brand von radioaktivem Material.

Für eine quantitative Risikoabschätzung für atmosphärische Freisetzungen sei auf die Untersuchung [GÖR 87] verwiesen.

7.3 Behandlung von Störfällen im Genehmigungsverfahren

Bei den bisher durchgeführten Genehmigungsverfahren für die Stillegung kerntechnischer Anlagen in der Bundesrepublik Deutschland wurden Störfallbetrachtungen im Sinne von § 28 (3) StrlSchV durchgeführt.

Eine konkrete Vorschrift zur Berechnung von Störfalldosen in Analogie zu [BMJ 83] für die Betriebsphase existiert für die Stillegung derzeit noch nicht. Freisetzungsszenarien wurden bisher im Einzelfall festgelegt, das folgende Beispiel ist dabei typisch für die bisherige Vorgehensweise:

Es wird angenommen, daß infolge eines Brandes 10 % der "freisetzungsverfügbaren" Aktivität in der Anlage freigesetzt werden. Zusätzlich wird eine Beeinträchtigung des Barrierensystems postuliert, so daß wiederum 10 % der in der Anlage freigesetzten Aktivität an die Umgebung abgegeben werden. Die freisetzungsverfügbare Aktivität setzt sich zusammen aus der gesamten Kontamination und einem gewissen Anteil der Aktivierung - typisch 0,1 % bis 1 % -, der durch Demontagearbeiten in eine gegenüber der unzerlegten Komponente leichter freisetzbare Form (Schlacke, Stäube) überführt wird.

Es erscheint sinnvoll, sich bei der anstehenden Ausgestaltung eines stillegungsspezifischen Regelwerks frühzeitig der Systematisierung der Störfallbehandlungsvorschriften zuzuwenden.

7.4 Kriterien für die Beendigung der Anwendung des Haftungssystems des Pariser Übereinkommens auf stillgelegte Anlagen

Durch ihr in der Regel hohes Aktivitätsinventar stellen kerntechnische Anlagen für Personen und Sachgüter in der näheren und selbst in der weiteren Umgebung ein nicht unerhebliches Risiko dar. Der Gesetzgeber hat dieser Gefährdung durch gesetzliche Vorschriften und Verordnungen zur Haftung und zur atomrechtlichen Deckungsvorsorge Rechnung getragen.

Wegen der möglichen grenzüberschreitenden Wirkung von Unfallfolgen bedarf die Haftung auch einer internationalen Regelung.

Ein solches Abkommen existiert bereits seit 1960 - zahlreiche westliche Industriestaaten haben sich im Pariser Übereinkommen (PÜ) vertraglich verpflichtet, für Schäden, die von ihren kerntechnischen Anlagen ausgehen, eine Haftung und Deckung sicherzustellen [FRA 81].

Im Vertragstext des PÜ findet sich kein Hinweis darauf, inwieweit Anlagen in der Nachbetriebsphase noch "Kernanlagen" im Sinne des PÜ sind.

Im Jahre 1985 wurde von einigen Signatarstaaten des PÜ eine Diskussion über Kriterien angestoßen, nach deren Maßgabe die Anwendung des PÜ auf stillgelegte Kernanlagen beendet werden kann (besser: auf Kernanlagen in der Nachbetriebsphase). Der Anlaß war die Existenz stillgelegter Anlagen, deren Gefährdungspotential als so gering eingeschätzt wurde, daß eine Deckungssumme selbst im Bereich der Minimaldeckung gemäß PÜ (ca. 15 Mio. DM bei Umrechnung nach Stand 1985) als unangemessen hoch erschien.

Artikel 1 (b) des PÜ besagt: "Der Direktionsausschuß kann Kernanlagen, Kernbrennstoffe und Kernmaterialien von der Anwendung dieses Übereinkommens ausschließen, wenn er dies wegen des geringen Ausmaßes der damit verbundenen Gefahren für gerechtfertigt erachtet." Davon wurde im Jahre 1990 durch Annahme der in Tabelle 7.1 zusammengefaßten Kriterien Gebrauch gemacht.

Die Ableitung dieser Kriterien erfolgte unter Zugrundelegung einer postulierten Freisetzung aus der stillgelegten Anlage. Das generische Störfallszenario entspricht den Ausführungen in Kapitel 7.1-7.3. Es hat eine starke konservative Grundtendenz, da es für alle Anlagen des PÜ-Systems und alle Stillegungsvarianten bzw. -konzepte anwendbar sein soll.

Die zulässigen Aktivitätsgrenzwerte sind keineswegs so niedrig, daß die Anlagen im Falle eines Unterschreitens grundsätzlich als radiologisch unbedenklich einzustufen sind, insbesondere müssen die Anlagen nicht die Bedingungen für eine Entlassung aus der Strahlenschutzüberwachung erfüllen.

Gruppe	Zugehörigkeitskriterium für Radionuklide zur jeweiligen Gruppe	Aktivitätsgrenzwerte (Bq)		Beispiele für stilllegungsrelevante Radionuklide
		Gebundene Aktivität siehe (b)	Alle anderen Formen von Aktivität	
1	$A2 \leq 4 \cdot 10^8$ Bq siehe (a)	$8 \cdot 10^{12}$	$8 \cdot 10^{10}$	Am-241, Pu-239, Th-230
2	$4 \cdot 10^8 Bq < A2 \leq 4 \cdot 10^{10} Bq$	$8 \cdot 10^{13}$	$8 \cdot 10^{11}$	Pu-241, U-233
3	$4 \cdot 10^{10} Bq < A2 \leq 4 \cdot 10^{12} Bq$	$8 \cdot 10^{14}$	$8 \cdot 10^{12}$	Sr-90, Co-60, Mn-54, Cs-134, Cs-137, Eu-152, Eu-154, Nb-94, Fe-59
4	$4 \cdot 10^{12} Bq < A2 \leq 4 \cdot 10^{13} Bq$	$2 \cdot 10^{16}$	$2 \cdot 10^{14}$	Ni-63, Cr-51
5	$4 \cdot 10^{13}$ Bq $< A2$	$2 \cdot 10^{17}$	$2 \cdot 10^{15}$	Fe-55, Ni-59

(a) A2 hat hier die Bedeutung gemäß Tabelle 1 von Abschnitt III der 1985er Ausgabe der IAEA-Transportvorschriften in Verbindung mit dem 1988er Supplement der IAEA-Transportvorschriften.

(b) Gebundene Aktivität bedeutet hier durch Neutronenreaktionen erzeugte (Aktivierung) Aktivität in festen, nicht entzündbaren Komponenten, welche nicht signifikantem Abtrag, Auslaugung oder Korrosion während des Einschlusses oder während der Demontagephasen der Stillegung unterliegen.

Tabelle 7.1: Aktivitätsgrenzwerte und Radionuklidgruppen für die Beendigung der Anwendung des PÜ auf stillgelegte kerntechnische Anlagen

Hinweis: Die genannten Grenzwerte sind nur dann direkt anwendbar, wenn in der Anlage eine einzige Radionuklidgruppe in einer der beiden Formen (gebunden, nicht gebunden) vorliegt. Im Falle eines Gemisches aus mehreren Radionukliden und/oder Bindungsformen ist als Kriterium für die Entlassung aus dem PÜ die Summe der jeweils vorhandenen Aktivität bezogen auf den Aktivitätsgrenzwert als Entscheidungsgröße heranzuziehen:

$$\sum_{k=1}^{2} \sum_{i=1}^{5} \frac{A_{i,k}}{A_{i,k}^{(G)}} < 1$$

$i = 1,2,..5$ Index der Radionuklidgruppe

$k = 1,2$ Bindungstyp ($k = 1$: gebunden, $k = 2$: nicht gebunden)

$A_{i,k}$: Aktivität in der Anlage

$A_{i,k}^{(G)}$: zugehörige Grenzwerte

Tabelle 7.1:   Fortsetzung

Im Regelfall verbleiben stillgelegte Anlagen aufgrund des verbleibenden Inventars im PÜ und können erst nach einer erheblichen Reduktion des Aktivitätsinventars durch Abbau bzw. Dekontamination aus dem PÜ entlassen werden. Als besonders restriktiv sind die Grenzwerte der Gruppe 1 anzusehen. Dies ist sinnvoll, da es sich hier um besonders bei Inhalation radiotoxische Nuklide handelt. Für eine ausführliche Diskussion wird auf [GÖR 91] verwiesen.

Es ist grundsätzlich zu begrüßen, daß dem vergleichsweise geringen Gefährdungspotential stillgelegter Anlagen durch Kriterien Rechnung getragen wird, die eine Entlassung aus dem PÜ-System auf einem hinreichend niedrigen Risikoniveau gestatten. Ein Scheitern des internationalen Konsenses in einer solchen

- vor dem Hintergrund des möglichen Umfangs von Störfällen in der Betriebsphase zweitrangigen - Frage hätte sicher negative Auswirkungen auf die internationale Zusammenarbeit im Haftungsbereich zur Folge gehabt.

Gegenüber früher diskutierten Vorschlägen, alle stillgelegten Kernanlagen unabhängig vom Aktivitätsinventar aus dem PÜ zu entlassen, stellen die abgeleiteten Kriterien eine Ausdehnung des Haftungsregimes dar. Speziell aus deutscher Sicht stimmen die gemäß AtDeckV [ADV 77] anzusetzenden Deckungssummen für stillgelegte Anlagen, deren Aktivitätsinventar im Sinne der Entlassungskriterien Grenzfallcharakter hat, qualitativ gut mit der Minimaldeckungssumme des PÜ überein.

8. STILLEGUNG NACH STÖRFÄLLEN

8.1 Allgemeines

Kerntechnische Anlagen werden, wie andere Industrieanlagen auch, für eine zeitlich begrenzte Einsatzdauer geplant und errichtet (s. Kapitel 2). Für neuere Leichtwasserreaktoranlagen beträgt diese Einsatzdauer etwa 30-50 Jahre. Für die Beseitigung nach der endgültigen Außerbetriebnahme wird bereits im Genehmigungsverfahren zur Errichtung der Anlage ein Konzept für die Durchführbarkeit der späteren Stillegung verlangt [SFK 77].

Diese Konzepte gehen von bestimmten Annahmen über den Anlagenzustand aus. Sie beruhen zum einen auf Erfahrungen und planerischen Ansätzen hinsichtlich des bestimmungsgemäßen Betriebes und zum anderen auf vorliegenden Stillegungserfahrungen. In der Praxis können jedoch Betriebsabläufe vorkommen, die von dem ursprünglich erwarteten bestimmungsgemäßen Betrieb abweichen und deshalb Änderungen des Stillegungskonzepts bedingen.

Insbesondere bei Prototypanlagen haben sich oft Betriebsphasen von nur einigen Jahren oder noch weniger ergeben. Gründe sind zum einen technische Probleme aufgrund des Prototypcharakters und zum anderen die Nichterfüllung wirtschaftlicher Erwartungen durch diesen Anlagentyp. Häufig kommt es zu einer Kombination von technischen wie wirtschaftlichen Problemen, die die Entscheidung zur Stillegung der betroffenen Anlage reifen lassen. Eine strikte Trennung der Gründe ist in der Regel nicht möglich. Schwerwiegende technische Probleme können über die Verursachung des Stillegungsbeschlusses hinaus erhebliche Auswirkungen auf nachfolgende Stillegungsvarianten haben. Hier soll eine Übersicht anhand der vorliegenden Erfahrungen zu Stillegungen nach Störfällen gegeben werden, wobei der Klarheit halber zunächst auf das Begriffspaar Störfall-Unfall eingegangen wird.

8.2 Das Begriffspaar Störfall-Unfall

Störfälle sind als Ereignisabläufe definiert, bei denen der Betrieb der Anlage aus sicherheitstechnischen Gründen nicht fortgeführt werden kann, für die die Anlage jedoch ausgelegt ist, so daß die Folgen für die Umgebung bestimmte Grenzwerte der Strahlenexposition, die in der StrlSchV aufgeführt sind, nicht überschreiten. Als Unfälle werden alle denkbaren Ereignisabläufe jenseits der sicherheitstechnischen Auslegung von Kernkraftwerken bezeichnet. Hierunter werden Ereignisabläufe verstanden, die nach menschlichem Ermessen so unwahrscheinlich sind, daß gezielte Maßnahmen zu ihrer Verhinderung oder Begrenzung der Folgen üblicherweise nicht geplant sind bzw. nicht möglich sind.

Wie die Entwicklungen im Bereich der kerntechnischen Sicherheit (Anlagenkonzeption) in den letzten Jahrzehnten gezeigt haben, ist die Frage, welche Ereignisabläufe in störfallbezogene Schutz- und Vorsorgebetrachtungen einzubeziehen sind, erheblichen Änderungen (insbesondere Erweiterungen) unterworfen.

Die nachfolgende Zusammenstellung beschränkt sich - da nicht auf die Folgen für die Umgebung eingegangen werden soll - auf solche Störungen des Betriebes, die auf nachfolgende Stillegungsarbeiten von erheblichem Einfluß sind.

8.3 Vorliegende Erfahrungen

8.3.1 Überblick

In den zurückliegenden Jahrzehnten hat es weltweit eine Reihe von Störfällen in Kernkraftwerken gegeben. Bei den betroffenen Kernkraftwerken handelt es sich um Anlagen, die technisch sehr unterschiedlich konzipiert waren (z.B. Druckröhren-, Siedewasser-, Druckwasserreaktoren) und auch zu verschiedenen Zwecken (z.B. zivil, militärisch) genutzt wurden. Ohne Anspruch auf Vollständigkeit - insbesondere militärische Anlagen unterlagen und unterliegen besonderer Geheimhaltung - sind in Tabelle 8.1 Angaben zu weltweit eingetretenen Störfällen und stillegungsrelevanten Erfahrungen zusammengefaßt.

Auch in bundesdeutschen Anlagen ist es zu Störfällen gekommen. Ein Kernkraftwerk, welches nach einem Störfall im nichtnuklearen Teil nicht mehr weiterbetrieben wurde, ist die Anlage Gundremmingen Block A (KRB-A). Da die dort bisher im Rahmen der Stillegung durchgeführten Arbeiten von Störfallfolgen nicht beeinflußt sind, wurde bereits in Kapitel 4 über dieses Stillegungsprojekt mit Pilotcharakter für die Stillegung nach bestimmungsgemäßem Betrieb berichtet.

Trotz aller Einschränkungen, die sowohl auf Unterschiede des genehmigungstechnischen Umfeldes wie auch auf unterschiedliche Anlagenkonzeptionen zurückzuführen sind und die eine Übertragung von Erfahrungen auf bundesdeutsche Anlagen erschweren, werden die stillegungsbezogenen Arbeiten und Maßnahmen in zwei Anlagen beispielhaft betrachtet.

8.3.2   Stillegungserfahrung im Lucens-Reaktor

Der Schwerwasserreaktor mit Gaskühlung Lucens war ursprünglich als Prototyp einer schweizerischen Reaktorlinie geplant und wurde im Sommer 1968 in Betrieb genommen. Aus ökonomischen Gründen - die Leichtwasserreaktoranlagen zeichneten sich als wirtschaftlicher ab - wurde die Betriebszeit auf die Einsatzdauer der ersten Corebeladung festgesetzt.

Dieses Versuchskernkraftwerk war unterirdisch in eine Kaverne eingebaut, das Maschinenhaus war durch besondere Lüftungseinrichtungen vom nuklearen Teil der Anlage getrennt; das Hilfsanlagengebäude, die Lüftungsanlage und der Hauptkontrollraum waren oberirdisch angelegt.

Während Reparaturarbeiten an Lüftungsschaufeln Ende 1968 drang Wasser in den Primärkreis ein. Vor der Wiederinbetriebnahme konnte es nicht vollständig

Reaktor Land	NRX CAN	Windscale UK	SL-1 USA	Lucens CH	TMI-2 USA	Tschernobyl UdSSR
Anwendungszweck	Forschung	Pu-Erzeugung	Versuch	Versuch	Leistung	Leistung
Inbetriebnahme	1947	1951	1958	1968	1978	1983
therm. Leistung [MW]	30	?	3	30	2800	3200
Moderator	D_2O	Graphit	H_2O	D_2O	H_2O	Graphit
Kühlmittel	Flußwasser	Luft	H_2O	CO_2	H_2O	H_2O
Einschluß des Kühlmittels	Druckrohr	Gebäude	Behälter	Druckrohr	Behälter	Druckrohr

Angaben zum Unfall

	NRX	Windscale	SL-1	Lucens	TMI-2	Tschernobyl
Datum	Dez. 52	Okt. 57	Jan. 61	Jan. 69	März 79	April 86
Zustand des Kerns nach dem Unfall	22 BE zerstört	150 BE beschädigt	20% geschmolzen	1 BE zerstört	weitgehend zerstört	total zerstört

Stillegungsrelevante Kenngrößen

	NRX	Windscale	SL-1	Lucens	TMI-2	Tschernobyl
Dauer [a]	1	< 1[*5]	0,5	4	10	[*6]
Endzustand[*2]	WI	(SE)	TB	SE	SE	AB
Kollektivdosis [Mann-Sv]	26	[*4]	3,8	1,35	70	[*6]
Kosten[*1] [Mio.DM]	[*6]	24[*3]	[*6]	17	2000	[*6]
Personalaufwand [Mannjahre]	bis zu 1000 Arbeiter	[*4]	in 10 Tagen 270 Person.	73	10000	[*6]

Tabelle 8.1: Stillegungsrelevante Kennwerte aus Kernkraftwerken nach Stör- bzw. Unfällen

*1 Unter Annahme eines mittleren Verzinsungszeitraumes und eines mittleren Zinssatzes sowie des Wechselkurses (1,50 DM/$)

*2 TB : Totale Beseitigung
SE : Sicherer Einschluß
WI : Wiederinbetriebnahme
AB : Abschirmung von der Atmo-, Bio- und Hydrosphäre

*3 Vorbereitende Arbeiten für die spätere Beseitigung (Lüftungstechnik, Gebäudeinstandsetzung); die Beseitigung soll 1994 beginnen.

*4 Die bisherigen Arbeiten in der Anlage sind i.w. der Unfallbekämpfung zuzuordnen.

*5 34 a seit dem vorläufigen Einschluß der Anlage

*6 keine Angaben

<u>Tabelle 8.1:</u>   Fortsetzung

entfernt werden, so daß ein Teil unbemerkt im Primärkreis blieb und zur Korrosion von Teilen der Brennstabhüllen führte. Die Korrosionsprodukte blockierten die Kühlmittelströmung, wenigstens ein Brennelement wurde überhitzt und schmolz. Das entsprechende Druckrohr brach, so daß geschmolzene und brennende Partikel in den Moderatorbehälter getrieben wurden; aus diesem trat Schwerwasser aus und transportierte auch das geschmolzene Brennstoffmaterial in die übrige Anlage (größenordnungsmäßig etwa 1 kg Brennstoff von etwa 75 kg geschmolzenem Brennstoff und etwa 5 t Brennstoff insgesamt) [MIL 75].

Innerhalb einer Woche wurde fast das gesamte ausgetretene Schwere Wasser (etwa 5000 l) fernbedient abgepumpt. Da die Mehrzahl der Brennelementkanäle intakt geblieben war, konnte mit betriebsüblichen Verfahren der Reaktorkern fast vollständig entladen werden. Die Druckröhren mußten fernbedient geschnitten und herausgenommen werden. Das CO_2-Verteilungssystem und der Reaktordruckbehälter wurden demontiert. Im Frühjahr 1972 wurden die Kühlkreisläufe des Moderators und der Kontrollstäbe demontiert und der Kontrollbereich endgereinigt. Alle Flächen (Wände, Decken, Fußböden) wurden mit einem Schutzanstrich versehen. Da große Teile der Anlage und der Einrichtungen unbeschädigt geblieben waren, konnten einige Komponenten und Maschinenteile demontiert und verkauft werden. Seit März 1973 ist die Anlage im Zustand des Sicheren Einschluß.

Nicht demontiert wurden der Biologische Schild und alle Einrichtungen, die nicht oder nur schwach kontaminiert waren und deren Vorhandensein die Fortführung anderer Arbeiten nicht behinderte (z.B. Primärkreis, CO_2-Verteilungsnetz in den äußeren Kammern, Heliumkreislauf in der Moderatordecke). Auf dem Anlagengelände werden z.Z. noch sechs Betoncontainer mit kontaminierten Anlagenteilen gelagert, sie sollen in das vorgesehene zentrale Zwischenlager in Würenlingen gebracht werden. Bis dahin wird die Aktivitätsabgabe über das eindringende und über Pumpen wieder abgeführte Wasser überwacht [BUC 75].

Für das Jahr 1972 wurde die in der Anlage noch vorhandene Restaktivität auf etwa 10^{11} Bq geschätzt, die zu etwa 90 % in dem vom Biologischen Schild umgebenen Bereich konzentriert ist (ohne die in der Anlage damals verbliebenen Container und Behälter).

Die Strahlenbelastung des Stillegungspersonals ist in Tabelle 8.2 näher aufgeschlüsselt. Die von 1969-1972 akkumulierte Kollektivdosis setzt sich zusammen aus den bei den Demontage- und bei den Dekontaminationsarbeiten erhaltenen Kollektivdosen. Für die Demontage wird eine Kollektivdosis von 0,75 Mann-Sv, für die Dekontaminationsarbeiten eine von 0,60 Mann-Sv angegeben [BUC 78]. Der durch ß-Strahlung verursachte Anteil der Dosisleistung betrug etwa das 10fache des durch γ-Strahlung verursachten Anteils.

Als besonders belastend stellte sich die Demontage des CO_2-Verteilungssystems heraus. Die Dosisleistung nahe des oberen axialen Schildes war für den Fall der normalen Stillegung zu ungefähr 0,002 Sv/h abgeschätzt worden, nach der Aktivitätsfreisetzung wurde sie auf 0,5 Sv/h geschätzt. Sie wurde zu etwa gleichen Teilen von der Wärmeisolierung des CO_2-Verteilungsnetzes und von der Asbestschicht auf der oberen axialen Schicht verursacht. Es wurde ein mechanisches Trennverfahren gewählt, die Köpfe der Verbindungsstücke wurden in etwa 300 Trennschnitten von dem Hauptsammler getrennt. Nach dem Abbau wurde die stark kontaminierte Wärmeisolierung mit langen Zangen in Fässer gepackt. Prinzipiell wurden möglichst einfache Werkzeuge gewählt, deren Handhabung keine Schwierigkeiten machte und die gerade wegen ihrer Einfachheit und Robustheit sehr betriebssicher waren.

Inwieweit dieses Prinzip bei der heute zur Verfügung stehenden Technik so konsequent durchgehalten würde, ist schwer abzuschätzen. Notwendige Entwicklungs- und Anpassungsarbeiten für eine ausgeprägte Fernbedientechnik hätten aber die Kosten sicher signifikant erhöht; so waren die bis 1973 entstandenen direkten Stillegungskosten nur geringfügig höher als die auf einer allerdings sehr vorsichtigen Kalkulation beruhenden Stillegungskosten für die Stillegung nach bestimmungsgemäßem Betrieb ([BUC 78], [BUC 82]).

Jahr	Mannjahre	Kollektivdosis [Mann-Sv]	Zahl der exponierten Personen mit einer Dosis < 10 mSv
1968	75	0,047	75
1969	29	0,306	66
1970	16	0,194	40
1971	16	0,612	20
1972	9	0,134	18

Tabelle 8.2: Strahlenbelastung und Personalaufwand bei der Stillegung des Lucens-Reaktors

8.3.3 Stillegungserfahrungen im TMI-2

Das mit einem Druckwasserreaktor der Bauart Babcock & Wilcox ausgerüstete Kernkraftwerk Three Mile Island (TMI-2) war im Dezember 1978 in Betrieb genommen worden. Die Wärme aus dem Primärkreis wurde über zwei Gradrohr-Dampferzeuger abgeführt, die elektrische Leistung betrug 900 MW. Der vielfach beschriebene und analysierte Störfall (z.B. [EPA 81], [BMI 79]) trat am 28. März 1979 ein. Nach dem Ausfall einer Kondensatpumpe im Sekundärkreis wurden Speisewasserpumpen und Turbine abgeschaltet, der Dampf wurde z.T. in den Turbinenkondensator abgeleitet. Aus der Noteinspeisung konnte den Dampferzeugern kein Wasser zugeführt werden, da ein Absperrventil nach vorherigen Überprüfungsarbeiten geschlossen geblieben war. Die Dampferzeuger trockneten aus, die Wärmeabgabe aus dem Primär- in den Sekundärkreis fiel aus. Temperatur und Druck im Primärkreis stiegen soweit an, daß das Abblaseventil des Druckhalters ansprach. Das Sicherheitssystem sorgte für eine Reaktorschnellabschaltung. Da das Abblaseventil jedoch bei sinkendem Druck nicht wieder schloß, wurde der Reaktor mit einem kleinen Leck im Primärkreis betrieben.

Der Wasserinhalt des Primärkreises verringerte sich beständig. Durch den Abblasevorgang stieg der Druck im Abblasetank so weit an, daß die Berstscheibe brach und Wasser aus dem Primärkreis in den Sicherheitsbehälter floß. Zum Ausgleich des verringerten Wasserinhalts wurden zunächst die Hochdruckeinspeisepumpen eingeschaltet. Weil aus der Wasserstandhöhe im Druckhalter geschlossen wurde, daß ausreichend Kühlwasser vorhanden sei, wurden die Pumpen abgeschaltet. Der Wasserspiegel im Reaktordruckgefäß sank weiter ab, bis der größte Teil der Brennelemente ohne Wasserüberdeckung war.

Über das Sicherheitsventil des Druckhalters trat neben Dampf auch Wasserstoff aus, der im Reaktorgebäude abbrannte und Anlagenteile zerstörte. Abbildung 8.1 zeigt den Endzustand des Reaktordruckbehälters und seiner Einbauten nach dem Störfall. Etwa die Hälfte der Reaktordruckbehältereinbauten und des Brennstoffs einschließlich der Brennelementhüllen war geschmolzen.

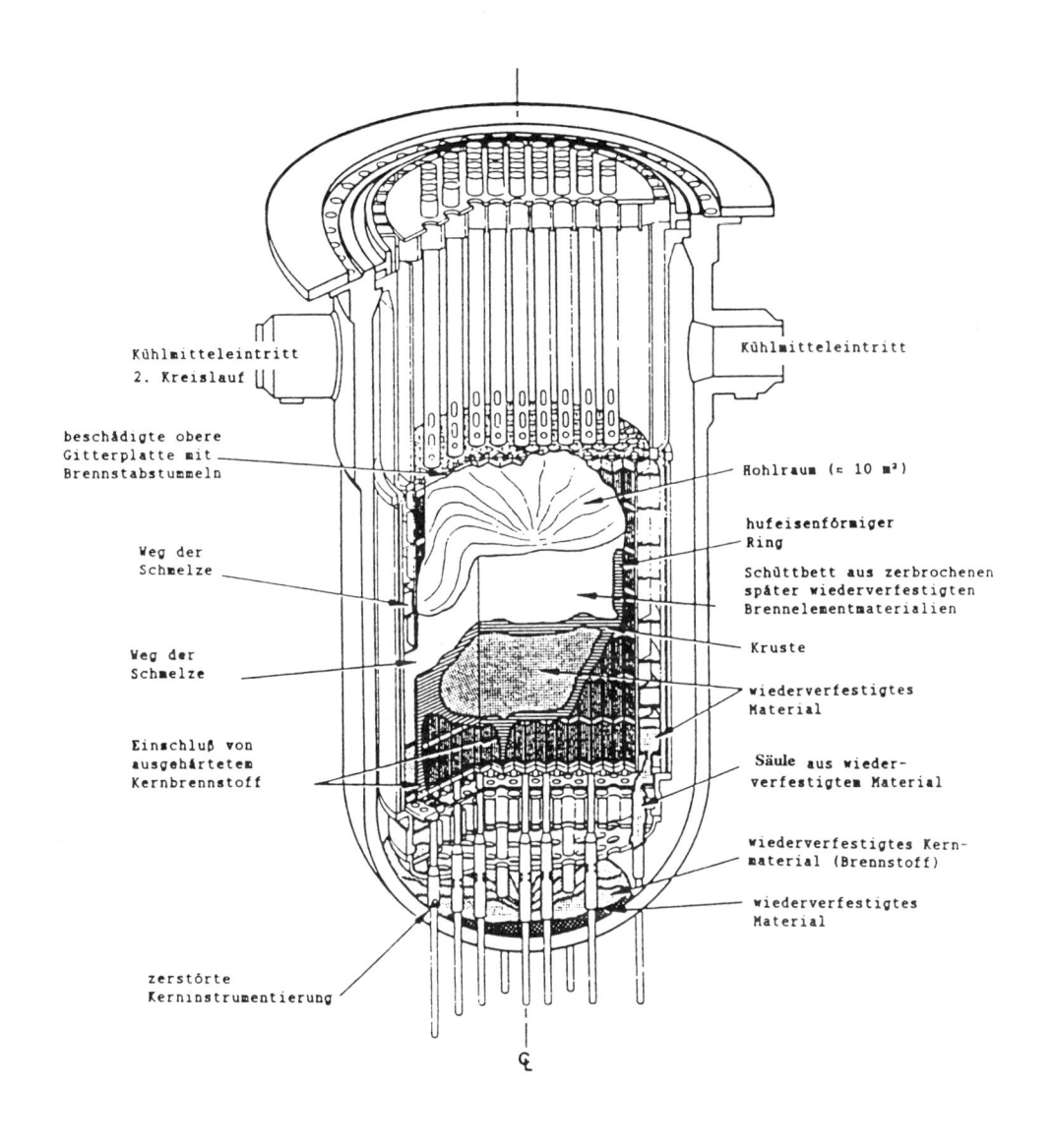

Abbildung 8.1: Endzustand des Reaktorkerns TMI-2 (nach [HRO 88])

Im Verlaufe des Störfalls traten über mehrere Stunden Wasser und Dampf aus dem Primärkreis in den Sicherheitsbehälter aus, sie enthielten zum einen die bereits im normalen Betrieb üblichen Aktivierungsprodukte und aktivierte Korrosionsprodukte, zum anderen aber auch wegen des geschmolzenen Brennstoffs große Mengen an Spaltprodukten.

An den Oberflächen des Sicherheitsbehälters kondensierte der Dampf, das Wasser sammelte sich im Sumpf des Sicherheitsbehälters, so daß große Oberflächen auf mehreren Geschoßebenen des Sicherheitsbehälters betroffen waren. Weitere Ablagerungen kamen durch das Plate-Out aktivitätstragender Gase und Aerosole zustande.

Etwa 30 % des Kerninventars an radioaktivem Jod wurden in das Primärkühlsystem abgegeben, insgesamt gelangten 20 % des Kerninventars an Jod in gelöster Form und 0,6 % in gasförmigem Zustand in den Sicherheitsbehälter. Ähnliche Verhältnisse wurden für die Freisetzung von Cäsium abgeschätzt [MIL 80].

Das im Sumpf des Sicherheitsbehälters zusammengelaufene Wasser wurde in das Hilfsanlagengebäude gepumpt, weil der Druckanstieg im Sicherheitsbehälter für einen automatischen Durchdringungsabschluß nicht ausreichte. Dort liefen die Auffangbehälter über. Außerdem wurde über das Kühlwasserreinigungssystem ebenfalls Aktivität in das Hilfsanlagengebäude transportiert.

Die Menge und die zugehörige Aktivität des nach dem Unfall im Sumpf des Reaktorgebäudes und im Hilfsanlagengebäude vorhandenen Wassers sind in Tabelle 8.3 aufgeführt. Die Wassermengen schließen Flußwasser ein, das durch ein Leck in einer Kühlschlange in das Reaktorgebäude eingeflossen war und dessen Schlamm im Keller des Reaktorgebäudes sedimentierte. Ca. 70 % der 1500 m^3 Wasser im Keller des Reaktorgebäudes stammten aus dem Kühlmittelkreislauf und ca. 30 % aus der Luftkühlanlage.

Die Stillegungsarbeiten innerhalb des Sicherheitsbehälters wurden erst möglich, nachdem die Reste der luftgetragenen Aktivität an die Umgebung abgegeben waren. Etwa ein Jahr nach dem Unfall wurden innerhalb eines Monats etwa 10^{15} Bq Kr-85 abgegeben.

	Sumpf des Reaktorgebäudes	Hilfsanlagen-gebäude
Menge [m³]	$2,5 \cdot 10^3$	$2,8 \cdot 10^3$
Aktivität [Bq]	ca. $3 \cdot 10^{16}$	$1,3 \cdot 10^{15}$

Tabelle 8.3: Kontaminierte Wassermengen nach dem Unfall in TMI-2 und entsprechende Aktivitätsmengen (nach [PET 83])

Mitte des Jahres 1980 wurde das Reaktorgebäude zum ersten Mal betreten. Aufgabe dieser Begehungen war es, einen ersten Überblick über den Schaden zu gewinnen und die Aktivitätsverteilung innerhalb der Anlage festzustellen. Mittlere Werte der Dosisleistung auf den verschiedenen Ebenen des Reaktorgebäudes betrugen 1-10 mSv/h. Typische Werte für die Oberflächenkontamination schwankten zwischen 10 Bq/cm² und 2000 Bq/cm². Im wesentlichen wurde die Oberflächenkontamination durch Cs-137 verursacht, weitere Nuklide von Bedeutung waren Cs-134 und Sr-90/Y-90. Das Verhältnis von Cs-137 zu Cs-134 betrug ungefähr 10 : 1, das von Cs-137 zu Sr-90/Y-90 ungefähr 15 : 1 [LAZ 88].

Das in den Keller des Reaktorgebäudes geflossene Wasser wurde innerhalb von neun Monaten fast vollständig abgepumpt. Der maximale Wasserstand betrug 2,60 m. Das Wasser wies eine Aktivitätskonzentration von etwa 6 MBq/cm³, im wesentlichen Cs-137, auf [BLD 88]. Im Reaktorgebäude wurde dadurch auf der untersten Arbeitsebene noch eine Dosisleistung bis zu 100 mSv/h verursacht.

Zunächst wurden die in das Hilfsanlagengebäude und das Brennelementhandhabungsgebäude gelangten Wassermengen durch ein Ionenaustauschersystem behandelt. Nach einer Vorbereitungszeit von etwa einem halben Jahr wurde diese Behandlung im August 1980 abgeschlossen. Die herausgefilterte Aktivität war mit 10^{12} Bq im Vergleich zur Aktivität des Wassers im Reaktorgebäude gering. Aus dem Wasser des Reaktorgebäudes wurden in einem ähnlichen Behandlungssystem, das allerdings jetzt im BE-Lagerbecken unter Wasser arbeitete und bei dem andere Ionenaustauschermedien eingesetzt wurden, etwa 10^{16} Bq entfernt. An radioaktivem Abfall fielen etwa 50 Behälter zu 1,5 m³ an, die auf dem Anlagengelände in einem neuerrichteten Gebäude gelagert wurden. Bis Ende 1983 wurden diese Behälter fast vollständig an ein externes Lager abgegeben.

Als schwierigste Aufgabe erwies sich das Entladen des Reaktordruckbehälters, das durchgeführt wurde, um im Verlaufe der Arbeiten ein genaues Bild des tatsächlichen Schadens zu gewinnen und um die Anlage in einen Zustand vergleichbar dem nach Ende des bestimmungsgemäßen Betriebes zu überführen.

Die übrigen Dekontaminations- und Demontagearbeiten zielten im wesentlichen darauf ab, das Entladen des Reaktorkerns zu ermöglichen, indem die Strahlenbelastung des Personals verringert wurde.

Die Arbeiten zum Entladen des Reaktorkerns umfaßten das Entfernen der geschmolzenen und in verschiedenen Bereichen des Reaktorkerns wiederverfestigten Brennstoffmassen und der restlichen Brennelementabschnitte sowie das Zerschneiden und Demontieren verschiedener Einbauten des Reaktordruckbehälters. Sie begannen im Oktober 1985 mit Planung und Geräteauswahl sowie dem Aufbau einer Nachbildung des Reaktordruckbehälters, so daß die einzelnen Arbeitsschritte und -abläufe sowie die Eignung der Geräte überprüft werden konnten. Nachdem der Reaktordeckel mit dem ertüchtigten Gebäudekran, der weitgehend intakt geblieben war, entfernt worden war, wurde über dem offenen Reaktordruckbehälter eine etwa 12 cm dicke drehbare Stahlplatte als Arbeitsplattform eingerichtet, von der aus die Gerätschaften bedient wurden.

Die Arbeiten wurden durch die große Entfernung zwischen Bedienungspersonal und Schneid- bzw. Greifwerkzeug (bis zu 12 m Entfernung), durch die schlechten Sichtverhältnisse (Trübung des Wassers im RDB durch Algenbildung) und die grundsätzlich sehr beengten räumlichen Verhältnisse in den zu schneidenden Strukturen behindert.

Bei einzelnen Trennaufgaben, wie z.B. dem Zerschneiden der Strömungsverteilungsplatte der unteren Stützkonstruktion, traten technische Schwierigkeiten auf: Mit dem Plasmabrenner geschnittenes Material konnte, da unterhalb der Platte eine Zone mit wiederverfestigtem Brennstoff lag, nicht abfließen, so daß der Plasmabrenner häufig ausfiel und eine Reihe von Schnitten wiederholt werden mußte [AUP 88].

Die geschnittenen Teile wurden unter Wasser in Behälter, sog. Kanister ($\approx$ 3,6 m lang, $\approx$ 0,4 m im Durchmesser), gepackt. Die BE-Handhabungsbrücke wurde zu einer Behälter-Handhabungsbrücke umgebaut, mit der die Behälter in das BE-Handhabungsgebäude, z.T. als In-Luft-Transport, zu Lagerpositionen geschafft wurden. Dort wurden die Behälter getrocknet und zum Endlagertransport vorbereitet [LAZ 88].

Die Folgen eines Unfalls, wie in TMI-2 geschehen, können mit dem Anlagenpersonal alleine nicht bewältigt werden. Jährlich wurden etwa 1000 Arbeiter eingesetzt, davon etwa die Hälfte Fremdpersonal. Größenordnungsmäßig entstanden bis heute etwa 1 Mrd. Dollar an direkten Kosten. Die gesamte bis heute aufgetretene Kollektivdosis beträgt geschätzt etwa 80 Mann-Sv. Die maximalen Ganzkörperdosen je Jahr betrugen etwa 30 - 40 mSv [MER 88]. Tabelle 8-4 gibt einen Überblick über die einzelnen Arbeitspaketen zuzuordnende Kollektivdosis für das Jahr 1988.

Teile der Anlagengebäude sind seit dem Unfall noch nicht betreten worden, auch in den übrigen Bereichen wurde nur soweit dekontaminiert, wie es aus Strahlenschutzgründen im Hinblick auf das Entladen des Reaktordruckbehälters unbedingt nötig war. Der Reaktordruckbehälter ist entladen, der größte Teil seiner Einbauten ist entfernt, die restliche Anlage befindet sich im Sicheren Einschluß. Die Oberflächenkontaminationen dürften dabei in weiten Anlagenbereichen höher als in Anlagen nach einem bestimmungsgemäßen Betrieb sein. Geplant ist, TMI-2 erst dann zu beseitigen, wenn die Schwesteranlage TMI-1 stillgelegt und beseitigt ist [NEG 90].

ARBEITSPAKET	Kollektivdosis [Mann-Sv]	Anteil an der gesamten Kollektivdosis [%]
Entladen des Reaktorbehälters	2,18	14,7
Vor-, Nachbereitungsarbeiten, unterstützende Arbeiten zum Entladen des RDB	4,64	31,2
Reparatur, Wartung Reaktorgebäude	3,24	21,8
Dekontaminationsarbeiten	2,65	17,8
Routinearbeiten	1,25	8,4
Sonstige	0,91	6,1

Tabelle 8.4: Kollektivdosen infolge einzelner Arbeitspakete in TMI-2 für das Jahr 1988 [MER 88]

8.3.4 Andere Stillegungserfahrungen

Bereits in Tabelle 8.1 sind Angaben zu Stillegungserfahrungen nach Stör- bzw. Unfällen zusammengefaßt.

Vollständig stillgelegt, i.S. einer vollständigen Entfernung der Aktivität und einer Wiederherstellung der früheren Oberfläche des Standortes, wurde der Reaktor SL-1. Als Maßstab für heutige Leistungsreaktoren kann er jedoch wegen seines Nutzungskonzeptes - es handelt sich um einen transportablen Siedewasserreaktor - nicht dienen. Bei dem Reaktor SL-1 wurde auf aufwendige Betonstrukturen verzichtet, der "konventionelle" Abriß war also einfach, die Einbauten wurden oberflächennah (vermutlich in Standortnähe) vergraben. Bemerkenswert ist, daß eine mehrmonatige Vorbereitungszeit für den Abriß notwendig war. Dieses "Einüben" der Stillegungsarbeiten nahm genauso viel Zeit in Anspruch wie die eigentliche Ausführung der Arbeiten ([HOR 63], [KAN 63], [SCH 65]).

Im Gegensatz zu dem geschilderten Vorgehen bei der Anlage SL-1 wurde der kanadische NRX-Reaktor nach insgesamt vierzehnmonatigem Stillstand wieder in Betrieb genommen, nachdem das beschädigte Kalandriagefäß ausgetauscht worden war. Beim Vergleich mit ähnlichen Arbeiten einige Jahre später fällt jedoch auf, daß im Bereich Strahlenschutz vermutlich nicht optimal gearbeitet wurde. Vereinfachend für die damaligen Arbeiten wirkte dabei sicher das komplette Auswechseln des Reaktorgefäßes mit nachfolgendem Transport in einem Stück zu einer oberflächennahen Endlagerstätte. Zur hohen Dosisbelastung trugen die Dekontaminationsarbeiten an den Betonoberflächen bei, die zum größten Teil von Hand ausgeführt wurden. Bei einer späteren Totalbeseitigung des Reaktors ist die im Zuge der früheren Dekontaminationsarbeiten versiegelte Aktivität bereits bei den Planungen zum Strahlenschutz zu berücksichtigen; dadurch wird sich die Menge des radioaktiven Abfalls dementsprechend erhöhen [LOG 79].

Die Unterschiede in Personalaufwand und Dosisbelastung zwischen den Arbeiten in Lucens und in dem NRX - Reaktor können allein mit dem Schadensausmaß schwerlich erklärt werden. Die Kollektivdosis im Falle des NRX - Reaktors war etwa 20fach höher als die im Fall des Reaktors Lucens, die mittleren Individualdosen unterscheiden sich dagegen kaum.

Die Möglichkeit, die Anlage nach einer erträglichen Ausfallzeit wieder nutzen zu können, führte wohl zu dem hohen Personaleinsatz, der in der vergleichbaren Anlage Lucens erheblich niedriger war.

In beiden Anlagen, Lucens und NRX-Reaktor, konnte auf die betriebsübliche Entladetechnik zurückgegriffen werden, so daß der der eigentlichen Stillegung vorausgehende Arbeitsabschnitt der "Entsorgung des Brennstoffes" zu einem großen Teil fast routinemäßig abgewickelt werden konnte. Die vollständige Durchführung dieser Arbeiten wurde allerdings dadurch erschwert, daß Brennstoff in der Anlage verteilt worden war. Der Arbeitsschritt Entsorgung des Brennstoffs schloß deshalb eine Reinigung von Oberflächen und eine Dekontamination von Betriebsmedien ein. Da in beiden Fällen große Mengen aktiven Wassers in die Anlage austraten, wurden große Flächen kontaminiert, die zum größten Teil mühsam von Hand bearbeitet wurden. Wegen des hohen Anteils an α-Nukliden war die Vermeidung von unzulässigen Inhalationsbelastungen ein Schwerpunkt des Strahlenschutzes.

Die Anlage in <u>Windscale</u> ist über 30 Jahre nach dem Unfall immer noch nicht vollständig entladen. Die Überführung der Anlage in den Sicheren Einschluß soll bis zum Jahr 1994 abgeschlossen sein, die Kosten hierfür werden auf nach heutigem Wechselkurs umgerechnet 23 Mio. DM geschätzt. Der Anlaß für den Beginn der lange hinausgeschobenen Stillegungsarbeiten sind die nach 30 Jahren notwendig gewordenen Instandhaltungs- und Instandsetzungsarbeiten an den Gebäuden bzw. Anlagenteilen (insbes. Kamin) ([CLA 90], [CLA 74], [JOA 87], [JON 88]).

In dem schwerwassermoderierten und -gekühlten <u>PRTR (Plutonium Recycle Test Reactor)</u> wurde die zentrale Brennelementröhre als Brennelement-Bruchtesteinrichtung genutzt. Im Gegensatz zu den anderen (Druck-)Röhren wurde sie mit Leichtwasser gekühlt. Im September 1965 versagte ein absichtlich beschädigtes, teilweise geschmolzenes Brennelement der Teströhre in unvorhergesehener Weise. Etwa 50 % des Inventars an Edelgasen, 1 % des Jodinventars und weniger als 1 % des Spaltproduktinventars des Testbrennelements wurden in das Reaktorgebäude abgegeben. Aus dem drucklosen Schwerwasserbehälter floß Wasser (Schwer- und Leichtwasser) durch eine Berstscheibe bis in den Keller des Reaktorgebäudes. Der Reaktor konnte sicher abgefahren werden.

Für etwa zwei Tage wurde das Containment intensiv mit Luft gespült, die Luft wurde außen angesaugt, durch das Containment geführt und über Filter wieder abgegeben. Nach Angaben in [MUR 82] konnte das Inventar an Radiojod auf das 10^{-4}fache und das Inventar an Radioxenon auf das $3 \cdot 10^{-4}$fache verringert werden. Das defekte Brennelement wurde einen Monat nach dem Unfall entladen. Nach mehreren Dekontaminationen der Reaktorhalle, des Leichtwasserkühlkreislaufes und des übrigen Primärkreises und nach dem Abpumpen des Schwerwassers in Vorratsbehälter wurde der Reaktor wieder in Betrieb genommen.

Im Oktober 1966 kam es in dem ersten natriumgekühlten Schnellen Brüter, dem Enrico Fermi 1 Reaktor, zu einem Schmelzen eines Brennelements, ein Teil des Zirkonmantels löste sich und unterbrach den Kühlmittelfluß zu einigen Brennelementabschnitten. Etwa 10^{15} Bq wurden in das Primärkühlmittel und den umgebenden Gasmantel freigesetzt. Der größte Teil der Aktivität schlug sich in der Einrichtung zur Primärkühlmittelreinigung nieder. Das beschädigte Brennelement wurde entfernt. Der Reaktor war im Oktober 1970 wieder betriebsbereit, seit dem Jahr 1972 befindet er sich im Sicheren Einschluß [MOS 90].

In dem Demonstrationskraftwerk Bohunice A-1, einer gasgekühlten, schwerwassermoderierten 150 MWe-Anlage, kam es 1977 nach 15 Jahren Betrieb zu einer starken Beschädigung eines Brennelements, so daß der Primärkreis der Anlage außerordentlich stark α-kontaminiert wurde. Über Lecks in den Dampferzeugern wurde auch der Sekundärkreis kontaminiert. Da zudem Brennelementhüllrohre extreme Korrosionserscheinungen zeigten (α-Kontamination der Lagerbecken, Transportschwierigkeiten), wurde 1979 der Entschluß gefaßt, die Anlage endgültig außer Betrieb zu nehmen. 1980 begannen die Stillegungsarbeiten, bis heute sind Teile des Sekundärkreislaufs demontiert, die Entfernung der z.T. schwerbeschädigten Brennelemente und die Behandlung der flüssigen radioaktiven Abfälle wurden vorbereitet. 1997 soll die Anlage in die Stufe I, etwa 2010 in die Stufe II gemäß IAEO-Klassifikation überführt sein [KUC 90].

Der Reaktor in <u>Tschernobyl</u> ist weder betriebsbereit noch ist daran gedacht, ihn zu irgendeinem Zeitpunkt wieder in Betrieb zu nehmen. Von einem Zustand des Sicheren Einschluß im Sinne der Bedeutung der Stillegung nach bestimmungsgemäßem Betrieb kann nicht gesprochen werden. Dies insbesondere, da keine Dekontamination, kein Entladen des Brennstoffs o.ä. stattgefunden hat und zudem die äußere Hülle, die zu großen Teilen mit den ursprünglichen Gebäudestrukturen nicht mehr viel gemeinsam hat, einen wirksamen Abschluß der Aktivität von der Umgebung nicht vollständig gewährleistet. Andererseits befindet sich die Anlage nicht mehr in der Phase des "Accident Management", und die Stabilisierungsmaßnahmen sind zumindest derzeit als vorläufig abgeschlossen zu betrachten ([KBM 88], [ILP 88], [ABD 88]).

8.4 Zusammenfassung

Aus den kurz beschriebenen Fallbeispielen (Lucens, TMI-2), weiteren Informationen zu Stillegungserfahrungen nach Stör- und Unfällen (z.B. [GÖR 91]) sowie verschiedenen Studienergebnissen (z.B. [MUR 82], [ELD 85], [TOR 90]) kann, wie in Abbildung 8.2 gezeigt, der Ablauf der Stillegung nach Stör- und Unfällen strukturiert werden.

Das wesentliche Ziel der Aufräumarbeiten besteht darin, die direkten Unfallfolgen so weit wie möglich zu beseitigen und die Anlage in einen Zustand zu überführen, in dem die weitere Stillegung ähnlich wie nach dem bestimmungsgemäßen Betrieb durchgeführt werden kann und in dem die durch die besonderen Gegebenheiten des Brennstoffinventars (Verteilung, leichte Verfügbarkeit) erhöhte Gefährdung der Umwelt auf ein vertretbares Maß zurückgeführt ist.

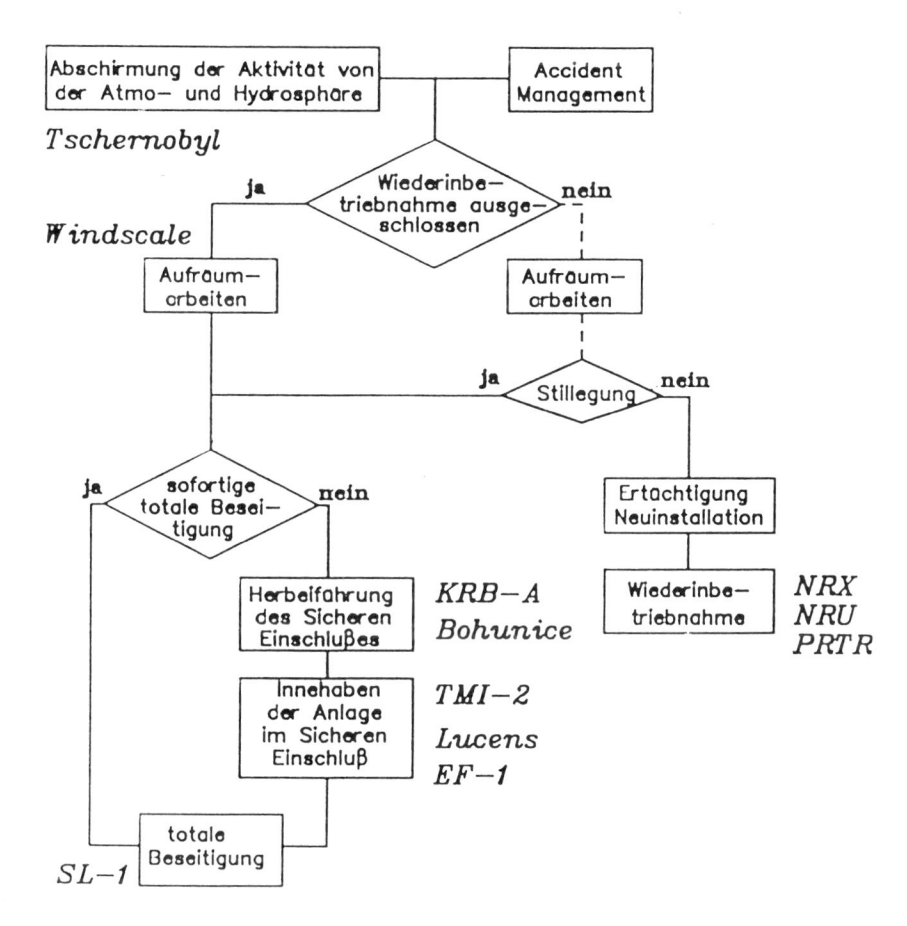

```
┌─────────────────────────┐      ┌──────────────┐
│ Abschirmung der Aktivität│──────│  Accident    │
│ der Atmo- und Hydrosphäre│      │  Management  │
└─────────────────────────┘      └──────────────┘
Tschernobyl        │                     │
              ja   ◇ Wiederinbe-  nein
                  triebnahme ausge-
Windscale         schlossen
              ┌────────┐         ┌────────┐
              │Aufräum-│         │Aufräum-│
              │arbeiten│         │arbeiten│
              └────────┘         └────────┘
                                      │
                              ja  ◇  nein
                                 Stillegung
                                      │
   ja  ◇  nein                  ┌──────────────┐
     sofortige                  │ Ertüchtigung │
     totale Besei-              │ Neuinstallation│
     tigung                     └──────────────┘
         ┌──────────┐                  │
         │Herbeiführung│  KRB-A    ┌──────────────┐   NRX
         │ des Sicheren│  Bohunice │Wiederinbe-   │   NRU
         │ Einschlußes │           │triebnahme    │   PRTR
         └──────────┘              └──────────────┘
         ┌──────────┐
         │Innehaben │   TMI-2
         │der Anlage│   Lucens
         │im Sicheren│  EF-1
         │ Einschluß│
         └──────────┘
      ┌────────┐
      │ totale │
      │Beseitigung│
SL-1  └────────┘
```

Abbildung 8.2: Strukturierung der Stillegungsmöglichkeiten nach Stör- bzw. Unfällen

Im Gegensatz zur "normalen" Stillegung laufen diese Arbeiten unter in der Regel wesentlich erschwerten Bedingungen ab und sind komplizierter. Insbesondere stellen sich u.U. Fragen nach einer möglichen Rekritikalität des in verschiedenen Anlagenteilen gegebenenfalls verteilten Brennstoffs. Die Wahl der weiteren Vorgehensweise wird außerdem beeinflußt von der mechanischen Stabilität der Anlagenstrukturen und möglichen chemischen Reaktionen (Wärmeentwicklung, explosionsfähige Gasgemische, um nur einige Stichworte zu liefern).

Die vorliegenden Stillegungserfahrungen nach Stör- und Unfällen (s. auch [GÖR 91]) in Kernkraftwerken zeigen, wie der Ablauf von Stör- und Unfällen selbst, ausgeprägt individuelle Züge. Die Erarbeitung eines störfallbezogenen stillegungsspezifischen Regelwerks empfiehlt sich von daher nicht. Eine gründliche Prüfung und Anwendung der Strahlenschutzvorschriften hat sich hier in besonderem Maße am Einzelfall zu orientieren.

Für ein Ereignis wie Tschernobyl mit erheblicher Zerstörung aller Aktivitätsbarrieren kommt der Etablierung neuer Aktivitätsbarrieren durch Baumaßnahmen zum Schutz von Biosphäre, Atmosphäre und Hydrosphäre erhebliche Bedeutung zu. Die Möglichkeiten der kurzfristigen Errichtung solcher Barrieren unter schwierigen radiologischen und sonstigen Bedingungen scheinen zur Zeit noch sehr begrenzt.

Eine andere Beurteilung ergibt sich allerdings für Situationen, in denen beim Störfallablauf die wichtigsten Barrieren zur Aktivitätsrückhaltung (z.B. Reaktordruckbehälter, Gebäudehülle) unzerstört geblieben sind. Die vorliegenden Erfahrungen, die auch den möglichen Weiterbetrieb einer Anlage einschließen, zeigen die grundsätzliche Beherrschbarkeit der Stör- bzw. Unfallfolgen im Sinne einer Stabilisierung des Anlagenzustandes, der Erkundung der Aktivitätsverteilung und der eigentlichen Stillegung, d.h. eines Sicheren Einschlusses mit späterer Beseitigung oder einer sofortigen Beseitigung.

Nach [GÖR 91] lassen sich, wenn auch mit erheblichen Unsicherheiten, durchaus Abschätzungen zu Personalbelastung, Abfallmengen und Beseitigungskosten im Falle eines Stör- bzw. Unfalls mit signifikanter Aktivitätsfreisetzung aus dem Reaktorkern angeben. Die Personalbelastung wird in der Größenordnung von einigen 10 Mann-Sv liegen, die Gesamtkosten werden in der Größenordnung der Errichtungskosten der Anlage liegen; im Vergleich zu einer Beseitigung nach bestimmungsgemäßem Betrieb werden in [GÖR 91] die Abfallmengen auf das Dreifache abgeschätzt.

Im Falle einer erheblichen zusätzlichen Kontamination der Anlage durch

Freisetzungen aus dem Kern stellen sich die Vorteile der verzögerten Beseitigung nach einer Einschlußphase noch schwerwiegender dar als im Falle der Stillegung nach bestimmungsgemäßem Betrieb. Aufgrund der anzunehmenden Kontamination durch Radionuklide wie Cs-137 und Sr-90 mit Halbwertszeiten von ca. 30 Jahren dürften sogar Einschlußzeiten im Bereich von 50 - 100 Jahren zu diskutieren sein.

9. DISKUSSION WICHTIGER EINZELASPEKTE

9.1 Optimale Stillegungsvariante

In Kapitel 2 wurden die für die Stillegung zur Verfügung stehenden Varianten beschrieben. Dabei wurde die Frage, ob aus der Vielzahl dieser Optionen eine als die optimale Lösung anzusehen ist, nicht diskutiert. Hier soll nun auf dieses Problem eingegangen werden, wobei vorweggenommen sei, daß es sicher keine allgemeingültige Antwort auf diese Frage geben kann.

Bezüglich der Varianten vom Typ ENTOMB bzw. Stufe 2 sei auf das folgende Unterkapitel verwiesen. Diese Variante wurde in der Bundesrepublik Deutschland bisher nicht praktiziert und in Ländern mit vergleichbarem "Genehmigungsklima" nur sehr selten in Betracht gezogen.

Damit wird man auf die Frage geführt, ob die sofortige Beseitigung einer verzögerten Beseitigung im Anschluß an eine Phase des Sicheren Einschlusses vorzuziehen ist. Die bisherigen Entscheidungsprozesse können in ihrer Mehrzahl hier nicht herangezogen werden, da in vielen Fällen eine der Grundvoraussetzungen für die sofortige Beseitigung, die Betriebsbereitschaft eines Endlagers, nicht gegeben war bzw. ist. Die Aussagen der theoretischen Studien wie [WAT 87] ergeben hinsichtlich der wichtigsten Kenngrößen Kollektivdosis und Kosten keine signifikanten Unterschiede. Mithin läßt sich derzeit keine klare Tendenz für eine der beiden Grundvarianten ausmachen.

Eine eingeschränktere Fragestellung ist die nach der optimalen Einschlußzeit. Am häufigsten genannt wird eine Einschlußzeit von ca. 30 Jahren ([WAT 87], [IAE 83], [SMI 78]). Die vorliegenden Begründungen ergeben sich aus Betrachtungen des Zeitverlaufs des Aktivitätsinventars. Das zunächst dominierende Co-60 wird im Bereich der Kontamination nach ca. 30 Jahren durch Cs-137 abgelöst. Daraus wird nun gefolgert, daß ein weiteres Abwarten angesichts der Halbwertszeit des Cs-137 von 30 Jahren keine signifikanten radiologischen

Erleichterungen mehr bringe. Aus zwei Gründen erscheint diese Argumentation nicht zwingend:

- Sie betrifft nur die Kontamination und nicht die Aktivierung, wo Co-60 auch noch nach mehr als 30 Jahren dosisbestimmend ist.

- Die Auswirkungen des Zerfalls auf die Kollektivdosis lassen sich nur schwer einschätzen, da schwächere Strahlenfelder auch reduzierte Strahlenschutzmaßnahmen rechtfertigen können.

Es erscheinen daher auch Einschlußzeiten über 30 Jahre hinaus prüfenswert. Sehr viel kürzere Zeiten machen keinen Sinn, da dann die Aufwendungen für die Herbeiführung des Sicheren Einschlusses nicht gerechtfertigt wären.

9.2 Bewertung von Stillegungsvarianten des Typs ENTOMB

Eine grundsätzliche Beschreibung dieser Variante wurde bereits in Kapitel 2 gegeben. Es handelt sich dabei um einen baulich verstärkten Resteinschluß, der praktisch keiner weiteren Überwachung bedarf und dessen spätere Beseitigung nicht für erforderlich gehalten wird (IAEA Klassifikation : Stufe 2). Diese Variante wurde verschiedentlich in den USA praktiziert.

Vor der Diskussion und Bewertung soll als Fallbeispiel zur Illustration der Vorgehensweise die Stillegung der Piqua Nuclear Power Facility (Standort: Piqua, Ohio) herangezogen werden. Es handelt sich um einen organisch gekühlten und moderierten Reaktor ($45\ MW_{th}$), der 1966 endgültig abgeschaltet wurde und dessen Resteinschluß 1969 realisiert wurde. Brennelemente, Betriebsmedien und andere Abfälle wurden in betriebsüblicher Weise entsorgt. Aus dem Bereich des Reaktorgebäudes, das über Flur lag, wurden die radioaktiven Einbauten entfernt, so daß hier ein Lagerhaus eingerichtet werden konnte. Der Reaktordruckbehälter und andere aktivierte Komponenten (Gesamtaktivität : ca. 10^{16} Bq) blieben in ihren Positionen unter Flur. Das Druckgefäß wurde mit Sand gefüllt und dichtgeschweißt. Alle Durchführungen in diesem Bereich wurden dichtgesetzt. Der Unter-Flur-Komplex erhielt eine Wasserabdichtung und eine massive Betondecke [WHE 70].

Zusätzlich zu einer archivierten Dokumentation wurde die Projektdokumentation in zwei Metallkisten am Standort belassen. Kostenangaben liegen nicht vor, es ist jedoch davon auszugehen, daß diese Variante gegenüber einer direkten oder verzögerten Beseitigung erhebliche Kostenvorteile bietet.

Der Nachweis der sicherheitstechnischen Unbedenklichkeit muß neben den dominierenden kurzlebigen Nukliden - Co-60 (5,27 Jahre HWZ), Cs-137 (30 Jahre HWZ), Fe-55 (2,7 Jahre HWZ) - auch den langlebigen Aktivierungsprodukten wie Ni-59 (20 000 Jahre HWZ) und Nb-94 (80 000 Jahre HWZ) Rechnung tragen. Als besonders heikel ist über derartige Zeiträume die Annahme anzusehen, daß es zu keinem beabsichtigten oder unbeabsichtigten Eindringen von Menschen in die Einschlußstruktur kommt.

Eine technisch sehr viel anspruchsvollere Spielart des ENTOMB ist das Absenken stillgelegter Kernkraftwerke in den Untergrund [WIN 88]. Diese Variante wurde in der Bundesrepublik Deutschland von der Arbeitsgemeinschaft NUKEM GmbH (Hanau) / A. KUNZ GmbH & Co. (München) im Auftrag des Bundesministers für Forschung und Technologie untersucht. Der technische Ansatz beruht auf der Senkkastenbauweise mit geschlossener Arbeitskammer. Nach Absenkung wird die Struktur mit einer wasserresistenten Substanz gefüllt.

Eine gegenüber den genannten Varianten weitaus schlichtere Vorgehensweise ist das "Intact Decommissioning" (Just lock the door!) [LEW 86].

Wegen mangelnder praktischer Erfahrung darf man gegenüber der Genehmigungsfähigkeit solcher Vorgehensweisen nach deutschem Recht sehr skeptisch sein.

9.3 **Auslegung kerntechnischer Anlagen zur Erleichterung der Stillegung**

Die während des Betriebes kerntechnischer Anlagen anfallenden Erfahrungen werden gesammelt, ausgewertet und bei der Planung und Auslegung neuer Anlagen genutzt. Demgemäß hat es, seit die Stillegung kerntechnischer Anlagen eingesetzt hat, Bemühungen gegeben, die angefallenen Erfahrungen in Empfehlungen bezüglich einer stillegungsfreundlicheren Auslegung umzusetzen. Vielfach wurden solche Empfehlungen auch lediglich von konzeptionellen Vorstellungen über die Stillegung abgeleitet.

In der Bundesrepublik Deutschland wurde im Jahre 1980 hierzu eine von Battelle-Institut e.V. (Frankfurt) im Auftrag des Bundesministers des Inneren erstellte Studie vorgestellt [BÖH 80]. Bei der OECD/NEA hat zu diesem Fragenkreis ein Workshop stattgefunden [NEA 80], und die Europäische Gemeinschaft hatte diesen Punkt zum Bestandteil der ersten beiden Phasen ihres Forschungs- und Entwicklungsprogramms zur Stillegung von Kernkraftwerken [CEC 85] gemacht.

Einige typische Vorschläge, die in diesem Bereich erarbeitet wurden, seien genannt:

- Modularer Aufbau des Biologischen Schildes,

- Vorsehen von Bohrlöchern für Demontagesprengungen,

  Andere Anordnung von BE-Lagerbecken im Hinblick auf verbesserte Möglichkeiten der Unterwasserzerlegung von Großkomponenten.

Es soll hier nicht im einzelnen auf diese oder andere Vorschläge eingegangen, sondern eine mehr grundsätzliche Bewertung vorgenommen werden.

Dazu sei zunächst festgestellt, daß der Betriebsphase gegenüber der Nachbetriebsphase wegen der längeren zeitlichen Ausdehnung, der größeren wirtschaftlichen Bedeutung und des höheren Gefährdungspotentials für die Umgebung prioritäre Bedeutung zukommt. Eine große Zahl der ausgesprochenen Empfehlungen trug dieser Erkenntnis nicht ausreichend Rechnung und war mit den betrieblichen Sicherheitserfordernissen nicht im Einklang [BRO 80].

Die Suche nach Verbesserungen, die sowohl dem Betrieb als auch der Stillegung zugute kommen, ging eher von den betrieblichen Erfahrungen aus und brachte beispielsweise in den zuletzt errichteten Kernkraftwerken deutliche Verbesserungen im Strahlenschutz durch bessere Zugänglichkeit von Komponenten und durch Reduktion der Co-60-Niveaus in der Kontamination aufgrund der Wahl geeigneterer Werkstoffe. Demgegenüber haben sich die allein von der Stillegung her kommenden Vorschläge kaum durchgesetzt.

Letztlich dürfen auch die erheblichen Fortschritte auf dem Gebiet der Stillegungstechnik in ihrer Bedeutung für diese Fragestellung nicht unterschätzt werden, da sie in vielen Fällen ein Erreichen bestimmter Anlagenzustände bzw. Stillegungsstadien ebenso oder sogar leichter ermöglichen als technische Auslegungsmaßnahmen. Dieser technische Fortschritt kommt auch dem Bestand vorhandener Anlagen zugute, so daß erwartet werden kann, daß in den kommenden Jahren derzeit noch bestehende Entwicklungspotentiale im Bereich der Stillegungstechniken ausgeschöpft bzw. ausgebaut werden.

9.4 Bewertung des bestehenden Regelwerks im Hinblick auf die Stillegung

Die bisher vorliegenden Erfahrungen mit der Planung, der Genehmigung und der Durchführung von Stillegungsprojekten in der Bundesrepublik zeigen, daß auf der Grundlage des bestehenden Rechts sowie des untergesetzlichen Regel- und Vorschriftenwerks die Stillegung kerntechnischer Anlagen durchführbar ist.

Insbesondere das mehrjährige Genehmigungsverfahren für die Demontage und

Beseitigung des Kernkraftwerks Niederaichbach (KKN) hat jedoch deutlich gemacht, daß die Entwicklung stillegungsspezifischer Regeln im höchsten Maße wünschenswert ist. Bisher mußten und müssen geltende Bestimmungen aus der Betriebs- bzw. Errichtungsphase sinngemäß angewendet werden, wobei der Konkretisierungsprozeß der sinngemäßen Anwendung schwierig und langwierig sein kann.

In Teilbereichen, beispielsweise im Bereich der Haftung für Schäden und der Verwertung von Reststoffen, sind zum Teil international abgestimmte Regelungen erforderlich. Wie die Diskussion in den Kapiteln 6 und 7.4 ergeben hat, sind entsprechende Bemühungen im Gange bzw. bereits abgeschlossen.

Ein unmittelbarer Klärungsbedarf wird weiterhin in folgenden Bereichen gesehen:

- Auslegungsstörfälle für geplante Stillegungen,

- Harmonisierung von Freigabekriterien für Verwertung und Beseitigung von Reststoffen bzw. Abfällen,

- begleitende Kontrolle, Gestaltung der Genehmigungsunterlagen,

- definitorische Klarstellungen (Begriffsfelder "Stillegung" und "Reststoffe"),

- finanzielle Stillegungsvorsorge.

Die wichtigsten Elemente der Beurteilung des existierenden Regelwerks im Hinblick auf die Erfordernisse der Stillegung seien abschließend kurz zusammengefaßt:

- Auf der Grundlage des existierenden Regelwerks konnten Stillegungen genehmigt und durchgeführt werden.

- Vielfach müssen existierende Bestimmungen sinngemäß angewendet werden.

- Genehmigungsverfahren und Durchführung machten in vielen Bereichen das Fehlen eines stillegungsspezifischen Regelwerks spürbar.

- Stillegungsspezifische Regeln sind im wesentlichen im Laufe des kommenden Jahrzehnts zu entwickeln.

- Dabei sind in Teilbereichen international abgestimmte Regeln erforderlich (insbesondere bei Reststoffen).

10. ZUSAMMENFASSUNG UND AUSBLICK

Die in diesem Buch vermittelte Übersicht befaßt sich mit allen wichtigen Einzelaspekten der Stillegung kerntechnischer Anlagen; dies sind insbesondere

- nationale und internationale Erfahrungen mit Stillegungsprojekten und -verfahren,

- Stand und Aussichten der Entwicklung von Stillegungstechniken und -methoden,

- die geltenden rechtlichen und technischen Vorschriften und Bestimmungen mit einem Ausblick auf Notwendigkeit und Schwerpunkte eines zukünftigen stillegungsspezifischen Regelwerks,

- stillegungsbedingte radioaktive Abfälle, ihre Zusammensetzung und ihre Entsorgung,

- Probleme der Stillegung kerntechnischer Einrichtungen nach Stör- und Unfällen,

- Haftungs- und Risikofragen bei stillgelegten Nuklearanlagen.

Die in der Praxis besonders wichtigen Fragen der Verwertung und der konventionellen Beseitigung der bei Stillegungen anfallenden Materialien - Reststoffe und aus- oder abgebaute Anlagenteile - bilden einen Schwerpunkt der Darstellung.

Dabei ergeben sich die im folgenden erläuterten Einschätzungen:

Weltweit liegen bereits vielfältige Erfahrungen mit der Stillegung kerntechnischer Anlagen vor. Diese Erfahrungen beziehen sich auf Kernkraftwerke, aber auch auf sonstige Anlagen des Kernbrennstoffkreislaufs. Die Gestaltungselemente der Stillegung sind Beseitigung und Sicherer Einschluß der Gesamtanlage oder ihrer Teile. In der Praxis wurde eine große Vielfalt von Stillegungsvarianten realisiert, die sich durch Kombination bzw. zeitliche Aufeinanderfolge dieser Grundelemente ergeben.

Die vorliegenden Erfahrungen tragen zur industriellen Datenbasis, insbesondere hinsichtlich Kosten, Abfallmengen und Strahlenbelastung bei, so daß bereits jetzt eine gute Planungsgrundlage für die zukünftig anstehenden Aufgaben der Stillegung existiert.

Grundsätzlich hat sich gezeigt, daß der weitaus größte Teil der anfallenden Massen schadlos verwertet oder konventionell beseitigt werden kann. Der Massenanteil, der als radioaktiver Abfall geordnet beseitigt werden muß, liegt typisch im Bereich von 2 % der Gesamtmasse. Dies ist um so bemerkenswerter, als die Entwicklung der Grenzwertfindung für die Freigaben zur konventionellen Beseitigung in den letzten Jahren zu teilweise restriktiven Festlegungen geführt hat. Hintergrund für diese Entwicklung ist das Schutzziel, die Individualdosis (effektive Dosis) auf 10 μSv/Jahr zu begrenzen. Umgesetzt wurde dieses Schutzziel beispielsweise in der Empfehlung der Strahlenschutzkommission vom 1. Oktober 1987 "Strahlenschutzgrundsätze zur schadlosen Wiederverwertung und -verwendung von schwach radioaktivem Stahl und Eisen aus Kernkraftwerken".

Die aus der Stillegung resultierenden radioaktiven Abfälle lassen sich nach entsprechender Konditionierung und Verpackung als nicht wärmeerzeugende Abfälle im Sinne der vorläufigen Annahmebedingungen für das geplante Endlager im Schacht Konrad klassifizieren. Ausnahmen von dieser Regel sind dann möglich, wenn die üblicherweise im Rahmen der Betriebsgenehmigung durchzuführenden Entsorgungsschritte für abgebrannte Brennelemente oder Reststoffe im Einzelfall der Stillegung zugeschlagen werden. Das integrale Aufkommen an Stillegungsabfällen beläuft sich bei Einlagerung im Schacht Konrad auf ca. 100 000 m^3 (ohne die Anlagen in den neuen Bundesländern). Das jährliche Aufkommen an Stillegungsabfällen wird selbst in Zeiten erhöhter Stillegungstätigkeit nach dem Jahre 2000 mit typisch 5000 m³ pro Jahr im Rahmen des derzeitigen Aufkommens, das durch Betriebsabfälle bestimmt wird, bleiben.

Die jährliche Strahlenbelastung des Stillegungspersonals ist in der Einschlußphase äußerst gering. Die höchsten Werte treten in Abbauphasen auf und liegen im Bereich der betrieblichen Werte, tendenziell eher darunter. Die gesamte Personalbelastung für die Stillegungsphase beträgt im Regelfall typisch 5 % bis 10 % der Belastung während der Betriebsphase.

Der weitaus größte Anteil der Stillegungsarbeiten wird mit bewährter Technik ausgeführt. Zur Lösung spezifischer Stillegungsaufgaben im Bereich Zerlegung und Dekontamination wurden Neu- und Weiterentwicklungen durchgeführt. In bestimmten Bereichen besteht ein gewisser Optimierungsbedarf. Stellvertretend seien genannt:

- Zerlegung dickwandiger aktivierter Metallstrukturen,

- Kontrolle der bei der Zerlegung entstehenden Stäube, Schlacken und Späne,

- Bestimmung der Aktivitätsverteilung und -zusammensetzung,

- Minimierung von Sekundärabfällen, Volumenreduktion für die radioaktiven Abfälle,

- Fernbedienung, Anwendungstechnik,

- Prozeßbeobachtung und -kontrolle.

Die wichtigsten Elemente der Beurteilung des existierenden kerntechnischen Regel- und Vorschriftenwerks im Hinblick auf die Erfordernisse der Stillegung sind:

- Auf der Grundlage des existierenden Regelwerks konnten Stillegungen atomrechtlich genehmigt und sicher durchgeführt werden.

- Vielfach wurden und werden existierende Bestimmungen sinngemäß angewendet.

- Genehmigungsverfahren und Durchführung machten in vielen Bereichen das Fehlen eines "stillegungsspezifischen" Regelwerks spürbar.

- Wesentliche Elemente eines stillegungsspezifischen Regelwerks werden im Laufe des kommenden Jahrzehnts zu entwickeln sein.

- Dabei sind in Teilbereichen - beispielsweise bei der Verwertung von Reststoffen - international abgestimmte Regeln erforderlich.

Die vorliegenden Erfahrungen erstrecken sich auch auf den Bereich der Stillegung nach Störfällen. In einigen dieser Fälle war bzw. ist der Anlagenzustand durch Aktivitätsfreisetzungen infolge des Störfalls signifikant verschlechtert (z.B. TMI-II, Windscale, Lucens). Gegenüber einer Stillegung nach Normalbetrieb stellen sich dann die Stillegungsarbeiten als sehr viel schwieriger heraus. Die Arbeiten dauern länger, Kosten, Abfallmengen und Personalbelastung sind höher. Spezielle technische Entwicklungen, insbesondere in den Bereichen Fernbedienung und Abfallkonditionierung, können im Einzelfall erforderlich werden. Dennoch belegen die vorliegenden Erfahrungen die grundsätzliche Durchführbarkeit der Stillegung auch nach schweren Störfällen.

Das von stillgelegten kerntechnischen Anlagen ausgehende Risiko ist durch ein gegenüber der Betriebsphase weitaus geringeres Gefährdungspotential gekennzeichnet. Dies ergibt sich zum einen aus den noch im Rahmen der Betriebsgenehmigung durchgeführten Entsorgungsmaßnahmen (Brennelemente, Betriebsabfälle), zum anderen aus der Ausschließbarkeit bestimmter Störfallabläufe aufgrund der Betriebseinstellung (z.B. Drucklosigkeit von Systemen). Dennoch können auch in stillgelegten Anlagen Störfälle nicht ausgeschlossen werden. Als typisches Beispiel seien Brände genannt. Geht eine zunächst anlageninterne Freisetzung mit einer Beschädigung der Rückhalteeinrichtungen einher, kann es zu Freisetzungen radioaktiver Stoffe in die Umgebung kommen. Vorliegende Analysen zeigen, daß das damit verbundene Risiko im Vergleich zur Betriebsphase als sehr gering anzusehen ist.

Auf der Grundlage solcher Untersuchungen hat der Direktionsausschuß des Pariser Haftungsübereinkommens Kriterien verabschiedet, nach deren Maßgabe die Anwendung des PÜ-Haftungssystems auf stillgelegte Anlagen beendet werden kann.

Die Kerntechnik hat im Bereich der industriellen Sicherheit Maßstäbe gesetzt. Dies gilt für Auslegungsgrundsätze, Sicherheitsanalysen, Umweltschutz und Umgebungsüberwachung sowie für die Entsorgung. Es ist zu erwarten, daß die Stillegung kerntechnischer Anlagen ähnliche Schrittmacherdienste leisten wird. Insbesondere für die Bereiche der schadlosen Verwertung, Standortfreigabe und Behandlung und Verbleib der entstehenden Abfälle ist dies absehbar.

In ein bis zwei Jahrzehnten wird die Stillegung kerntechnischer Anlagen - von Sonderfällen abgesehen - vollends der industriellen Routine zuzurechnen sein.

Der Nachweis der Durchführbarkeit der Stillegung und vor allem der vollständigen Beseitigung einer kerntechnischen Anlage bis hin zur Freigabe des Standorts kann auch eine positive Wirkung auf die öffentliche Akzeptanz der Kernenergie haben.

11. LITERATURVERZEICHNIS

[ABD 88]   ASMOLOV, V.G.; BOROVOI, A.A.; DEMIN, V.F. et al

The Chernobyl Accident: One Year Later.

Übersetzung aus: Atomnaya Energiya Vol. 64 No.1 Jan. 1988, S.3-23

In: 1988 Plenum Publishing Corporation Soviet Atomic Energy, ISSN 0038-531X

[ADV 77]   VERORDNUNG ÜBER DIE DECKUNGSVORSORGE NACH DEM ATOMGESETZ (ATOMRECHTLICHE DECKUNGSVORSORGE-VERORDNUNG ATDECKV)

Vom 25. Januar 1977 (BGBl. I S.220; BGBl. III 751-1-2)

[AHL 90]   AHLFÄNGER, W.

A Process for the Complete Decontamination of Entire Systems

Decommissioning of Nuclear Facilities, Brüssel, Luxemburg 1990; ISBN 1-86166-523-4, EUR 12690

[AKR 89]   RICHTLINIE ZUR KONTROLLE RADIOAKTIVER ABFÄLLE MIT VERNACHLÄSSIGBARER WÄRMEENTWICKLUNG, DIE NICHT AN EINE LANDESSTELLE ABGELIEFERT WERDEN

vom 16.01.1989 (BAnz. Nr. 63 a, Beilage)

[ALF 90]   ALFILLE, J.P.; HOFMAN, M. et al

Polyjointed Robot with Integrated Laser Beam

Decommissioning of Nuclear Facilities, Brüssel, Luxemburg 1990; ISBN 1-85166523-4, EUR 12690

[ALL 78]   ALLEN, R.P. et al

Electropolishing as a Decontamination Technique - Progress and Application

Pacific Northwest Laboratory, Richland, April 1978

[ALL 82] ALLEN, R.P.

Development of Improved Technology for Decommissioning Operations

Proceedings of the International Decommissioning Symposium, Seattle 1982

[ARN 84] ARNDT, K.D.; BACH, F.W.; BÖDEKER, B.; KLARE, J.

Thermisches Trennen von dickwandigen plattierten Komponenten des Primärkreises von Kernkraftwerken

Kommission der Europäischen Gemeinschaften,

EUR 9479 DE, 1984

[ATG 85] GESETZ ÜBER DIE FRIEDLICHE VERWENDUNG DER KERNENERGIE UND DEN SCHUTZ GEGEN IHRE GEFAHREN (ATOMGESETZ)

in der Fassung der Bekanntmachung vom 15.Juli 1985 (BGBl. I S.1565), zuletzt geändert durch Artikel 4 des Gesetzes zur Änderung des Bürgerlichen Gesetzbuches und anderer Gesetze vom 14.3.1990 (BGBl. I S. 478)

[ATV 82] VERORDNUNG ÜBER DAS VERFAHREN BEI DER GENEHMIGUNG VON ANLAGEN NACH § 7 DES ATOMGESETZES (ATOMRECHTLICHE VERFAHRENSORDNUNG - ATVFV)

vom 18. Februar 1977 (BGBl. I S. 280) in der Fassung der Bekanntmachung vom 31. März 1982 (BGBl. I. S. 411) (BGBl. III 751-1-3)

[AUL 91] AULER, J.

Private Mitteilung inklusive Kurzbeschreibung der Freimeßanlage (FMA) der Firma NIS (Hanau), Juni 1991

[AUP 88] AUSTIN, W.E.; PORTER, L.H.

Disassembly and Defueling of the TMI-2 Reactor Vessel Lower Core Support Assembly

American Nuclear Society 1988 Winter Meeting, Washington DC, 30.10.-4.11.1988

ISSN 0003-018 X

[AVV 90] ALLGEMEINE VERWALTUNGSVORSCHRIFT ZU § 45 STRLSCHV

Ermittlung der Strahlenexposition durch die Ableitung radioaktiver Stoffe aus kerntechnischen Anlagen oder Einrichtungen

vom 21. Februar 1990, BAnz Jg. 42, Nr. 64 a, 31.03.1990

ISSN 0720-6100

[BAC 90] BACH, F.-W.

Underwater Cutting Techniques Developments

Decommissioning of Nuclear Installations

Brüssel, Luxemburg 1990, ISBN 1-85166-523-4, EUR 12690,

[BER 83] BERTHOLDT, H.-O.

Dekontamination durch chemische und elektrochemische Verfahren bei Reparatur- und Umrüstmaßnahmen

17. Jahrestagung des Fachverbandes für Strahlenschutz, Aachen 1983

[BER 87] BERTINI, A.; MANON, S.

International Co-operation on Decommissioning within the OECD/NEA

International Decommissioning Symposium, Pittsburgh 1987

[BIR 90] BIRKHOLD, U.

Decommissioning of Niederaichbach Power Plant

Entwurf für eine Publikation in "Nuclear Engineering International" September 1990

[BLD 88] BABEL, P.J. et al

TMI-2 Reactor Basement Concrete Activity Distribution

American Nuclear Society 1988 Winter Meeting, Washington DC, 30.10.-4.11.1988

ISSN 0003-018 X

[BMI 79]   BUNDESMINISTERIUM DES INNEREN, REFERAT ÖFFENTLICH-
            KEITSARBEIT (HRSG.)

            Umweltbrief, Harrisburg-Bericht, Bewertung des Störfalles im Kernkraftwerk
            Harrisburg, zweiter Zwischenbericht für den Innenausschuß des Deutschen
            Bundestages

            Bonn, Juni 1979; ISSN 0343-1312

[BMJ 83]   DER BUNDESMINISTER DER JUSTIZ (HRSG.)

            Bekanntmachung der Leitlinien zur Beurteilung der Auslegung von Kernkraft-
            werken mit Druckwasserreaktoren gegen Störfälle im Sinne des § 28 Abs. 3
            der Strahlenschutzverordnung

            BAnz., Jahrgang 35, Nr. 245 a, 1983

[BMJ 85]   DER BUNDESMINISTER DER JUSTIZ

            Möglichkeiten und Grenzen der Anwendung der Kollektivdosis (Empfehlungen
            der Strahlenschutzkommission)

            Bundesanzeiger, Jahrgang 37, Nr. 126a, 12. Juli 1985

[BMU 88]   DER BUNDESMINISTER FÜR UMWELT, NATURSCHUTZ UND REAK-
            TORSICHERHEIT

            Strahlenschutzgrundsätze zur schadlosen Wiederverwertung und -verwendung
            von schwach radioaktivem Stahl und Eisen aus Kernkraftwerken

            Empfehlung der Strahlenschutzkommission, 1. Oktober 1987, Bundesanzeiger
            Nr. 5 vom 09.01.1988, S. 63

[BÖH 80]   BÖHM, B.; DÄRR, C.M.; FREUND, H.U.; GÜNTHER, R.;
            KALTENHÄUSER, A.; KLING, G.; WINTER, H.

            Auslegungsgrundsätze für den Bau von leichter demontierbaren Kernkraftwer-
            ken

            Bericht zum Vorhaben SR 75 für das BMI, 1980

            Batelle-Institut e.V., Frankfurt/M

[BRE 90] BRENNECKE, P.; WARNECKE, E.

Anforderungen an endzulagernde radioaktive Abfälle (Vorläufige Endlagerungsbedingungen, Stand April 1990)

-Schachtanlage Konrad -

BfS, Salzgitter, April 1990, ET-3/90

ISSN 0937-4434

[BRO 80] BROSCHE, D.; VOLLRADT, J.

Decommissioning Requirements and Requirements to Safety and Operation of Nuclear Power Plants

Decommissioning Requirements in the Design of Nuclear Facilities

Proceedings of the NEA Specialist Meeting, Paris, März 1980

[BRS 90] BRENNECKE, P.; SCHUMACHER, J.

Anfall radioaktiver Abfälle in der Bundesrepublik Deutschland - Abfallerhebung für das Jahr 1989 -

Salzgitter, April 1990, ET 1/90

ISSN 0937-4434

[BRÜ 91] BRÜNING, D.

Beitrag zum Lichtbogen-Wasserstrahlschneiden von metallischen Bauteilen

Dissertation, Fakultät für Maschinenwesen der Universität Hannover (Institut für Werkstoffkunde), 1990

[BUC 75] BUCLIN, J.P.

Waste management experience from Lucens plant incident and decommissioning

Schweizerische Vereinigung für Atomenergie, Bern, Vol. 17. 1975, No. 9 Annex

[BUC 78] BUCLIN, J.P.

Declassement de la centrale nucleaire experimentale de Lucens Symposium Decommissioning of Nuclear Facilities 13.-17. November 1978, Wien

ISBN 92-0-020179-2

[BUC 82] BUCLIN, J.P.

Decommissioning of Lucens

International Decommissioning Symposium 10.-14. Oktober 1982, Seattle (USA)

[CEC 84] COMMISSION OF THE EUROPEAN COMMUNITIES

Decommissioning of Nuclear Power Plants

Proceedings, Luxembourg, Mai 1984

EUR 9474

[CEC 85] COMMISSION OF THE EUROPEAN COMMUNITIES

The Community's Research and Development Programme on Decommissioning of Nuclear Installations

First Annual Progress Report, Brüssel, 1985

[CLA 74] CLARKE, R.H.

An Analysis of the 1957 Windscale Accident Using the Werie Code

Annals of Nuclear Science and Engineering Vol. 1 (1974), S. 73-82

[CLA 90] CLARKE, W.H.

Preparations for Decommissioning the Windscale Piles

2nd International Seminar on Decommissioning of Nuclear Facilities, 19.-20. März 1990, London

IBC Technical Services Limited

[COM 88] COMMISSION OF THE EUROPEAN COMMUNITIES

Radiological Protection Criteria for the Recycling of Materials from the Dismantling of Nuclear Installations

Recommendations from the Group of Experts set up under the Terms of Article 31 of the Euratom Treaty

Radiation Protection No. 43

Luxembourg - November 1988

[CRE 82]   CREGUT, A.

French R. & D. Programs on Decommissioning Tooling and Techniques

Proceedings of the International Decommissioning Symposium, Seattle 1982

[EDE 87]   EDER, E.

Die Verwertung von Reststoffen aus Reparatur- und Stillegungsmaßnahmen. Verwaltungsmäßige Behandlung in der Bundesrepublik Deutschland

Seminar: Verwertung von Reststoffen aus Reparatur- und Stillegungsmaßnahmen bei kerntechnischen Anlagen.

Jülich, 10. - 11. November 1987

Jül-Conf-62, Juli 1988

ISSN 0343-7639

[EIC 90]   EICKELPASCH, N.; STANG, W.

Stillegungstechniken am Beispiel des Kernkraftwerks Gundremmingen Block A

DAtF-Herbsttagung '90 (High Serve), Oktober 1990

[EIF 89]   EICHHORN, F.; FAERBER, M.

Schneiden mit CO_2-Hochleistungslasern - Analyse der Schnittqualität und Vergleich mit alternativen thermischen Schneidverfahren

Vorträge: Schweißen und Schneiden 1989, Große Schweißtechnische Tagung in Essen, 13.-15. September 1989; Veranstalter: Deutscher Verband für Schweißtechnik

[ELD 85]   ELDER, H.K.

Technology, Safety and Costs of Decommissioning Reference Nuclear Fuel Cycle and Non-Fuel-Cycle Facilities Following Postulated Accidents

NUREG/CR-3293, Nuclear Regulatory Commission, Mai 1985

[ENG 85]   ENGELAGE, H.; GESTERMANN, G.; RITTSCHER, D.

Konditionierung von flüssigen radioaktiven Abfällen in Zwischen- und Endlagerbehältern durch Vakuumtrocknung

Atomkernenergie, Kerntechnik, Vol. 47 (1985), No. 1

[EPA 81] ENVIRONMENTAL PROTECTION AGENCY (HRSG.)
BRETTHAUER, E.W.; GROSSMAN, R.F.; THOME, D.J.; SMITH,A.E.

Three Mile Island Nuclear Reactor Accident of March 1979, Environmental Radiation Data: A Report to the President's Commission on the Accident at Three Mile Island

Report EPA-600-4/81-013B, Las Vegas (USA) 1981

[FER 85] PROSPEKT FIRMA FERRANTI

The Ferranti MFK Laser

Ferranti, Dunsinane Avenue, Dundee DD2 3PN, Scotland

[FLE 90] FLEISCHER, C.C.; FREUND, H.U.

Explosive Techniques for the Dismantling of Radioactive Concrete Structures

Decommissioning of Nuclear Installations 1990

Brüssel und Luxemburg, Elsevier Science Publishers LTD,
ISBN 1-85166-523-4, EUR 12690

[FRA 81] FRANZEN, L.F.

Das atomrechtliche Genehmigungsverfahren für kerntechnische Anlagen

Gesellschaft für Reaktorsicherheit mbH,

Köln, Juli 1981, GRS-S-36

[FRE 82] FREUND, H.U.; BÖHM, B.; SCHUMANN, S.

Dismantling Techniques for Reactor Components Using Explosives

Proceedings of the International Decommissioning Symposium, Seattle 1982

[FRE 86] FREUND, H.U.; FOLKERTS, K.H.

Untersuchungen der Gefährdung durch radioaktive Aerosole bei Abbruchverfahren für stillgelegte Kernkraftwerke

BT-R-65.995-1 Batelle Frankfurt

[FUN 87]　　　FUNAKAWA, N.; KINOSHITA, T.; TANAKA, T.

New Method for Decontamination of Concrete with Milling Cutter

Proceedings of Internat. Decommissioning Symposium 4. - 8. October 1987, Pittsburgh, USA, CONF-871018, Vol. 2

[GÖR 87]　　　GÖRTZ, R.; ALTMEYER, H.D.; KNAUP, A.G.

Untersuchung zur Stillegung kerntechnischer Anlagen (Phase 2)

Schriftenreihe Reaktorsicherheit und Strahlenschutz, BMU-1987-171, ISSN 0724-3316

[GÖR 89]　　　GÖRTZ, R.; GRAF, R.; KNAUP, A.G.

Strahlenexposition der Bevölkerung infolge der Freigabe von Eisenmetallschrott aus Kernkraftwerken zur schadlosen Verwertung

Schriftenreihe Reaktorsicherheit und Strahlenschutz, BMU-1989-222, ISSN 0724-3316

[GÖR 90]　　　GÖRTZ, R.; GRAF, R.; KNAUP, A.G.

Untersuchung zur schadlosen Verwertung von Nichteisenmetallen

Schriftenreihe Reaktorsicherheit und Strahlenschutz

BMU-1990-264, ISBN 0724-3316

[GÖR 91]　　　GÖRTZ, R.; GRAF, R.; KISTINGER, S.; KNAUP, A.G.

Genehmigungsrelevante Aspekte der Nachbetriebsphase kerntechnischer Anlagen

Ergebnisbericht zum Vorhaben SR-408

Brenk Systemplanung, Aachen 1991

[GRS 79]　　　GESELLSCHAFT FÜR REAKTORSICHERHEIT mbH

Deutsche Risikostudie Kernkraftwerke

Verlag TÜV-Rheinland, Köln 1979

[HAF 90]   HAFERKAMP, H. et al

Submerged Cutting of Steel by Abrasive Water Jets

Decommissioning of Nuclear Facilities, Brüssel, Luxemburg 1990

ISBN 1-86166-523-4, EUR 12690

[HAR 90]   HARBECKE, W.

Consequences of Suppression of Negative Pressure in the KWL-Lingen Containment

Decommissioning of Nuclear Installations 1990, Brüssel und Luxemburg, Elsevier Science Publishers LTD

ISBN 1-85166-523-4, EUR 12690

[HAS 82]   HASHISH, M. et al.

Steel Cutting with Abrasive Waterjets

6. Int. Symposium on Jet Cutting Technology,

Surrey, U.K., April 1982

[HAS 83]   HASHISH, M. et al

Cutting with Abrasive Waterjets

2. U.S. Waterjet Conference, Rolla, Mai 1983

[HEN 83]   HENNING, K.

Strahlenschutzaspekte bei der Stillegung des Kernenergie-Forschungsschiffes Otto Hahn

Jahrestagung des Fachverbandes für Strahlenschutz

Aachen 1983, FS-83-32-T

[HIT 85]   HITACHI LTD.

Development of Underwater Gouging and Gas Cutting Technique for Decommissioning of Nuclear Pressure Vessels

JAERI-Workshop on Reactor Decommissioning,

Tokio 1985

[HOR 63] HORAN, S.R. et al

The Health Physics Aspects of the SL-1 Accident

Health Physics Bd. 9 (1963) Nr.2, S.177-186

[HRO 88] HOBBINS, R.R. et al

Molten Material Behavior in the TMI-2 Accident

American Nuclear Society 1988 Winter Meeting, Washington DC, 30.10.-4.11.1988

ISSN 0003-018 X

[IAE 83] INTERNATIONAL ATOMIC ENERGY AGENCY (IAEA)

Decommissioning of Nuclear Facilities: Decontamination, Disassembly and Waste Management

Technical Report Series No. 230

Wien 1983, ISBN 92-0-125383-4

[IAE 85] INTERNATIONAL ATOMIC ENERGY AGENCY

Regulation for the Safe Transport of Radioactive Material

Safety Series, No.6, Wien, 1985

ISBN 92-0-123888-6

[IAE 87] INTERNATIONAL ATOMIC ENERGY AGENCY

Exemption of Radiation Sources and Practices from Regulatory Control

IAEA-TECDOC-401

Wien, 1987

[IAE 88] INTERNATIONAL ATOMIC ENERGY AGENCY

Factors Relevant to the Recycling or Raise of Components Arising from the Decommissioning and Refurbishment of Nuclear Facilities

Technical Report Series No. 293

Wien, 1988

[IAE 88]   INTERNATIONAL ATOMIC ENERGY AGENCY

Principles for the Exemption of Radiation Sources and Practices from Regulatory Control

Safety Series No. 89, Vienna, 1988; ISBN 92-0-123888-6

(jointly sponsored by IAEA and OECD/NEA)

[ICR 79]   RECOMMENDATIONS OF THE INTERNATIONAL COMMISSION ON RADIOLOGICAL PROTECTION

Publication No. 30, Oxford, 1979

[ILP 88]   IL'IN, L.A.; PAVLOVSKII, O.A.

Radiological Consequences of the Chernobyl Accident and the Measures Implemented to Mitigate Them

Übersetzung aus: Atomnaya Energiya Vol. 65 No.2 August 1988, S.119 - 229

In: 1989 Plenum Publishing Corporation Soviet Atomic Energy, ISSN 0038-531X

[JAP 87]   JAPAN ATOMIC ENERGY RESEARCH INSTITUTE

(Department of JPDR)

Progress of JPDR Decommissioning Program

Second Progress Report, August 1987 - March 1988

[JAP 88]   JAPAN ATOMIC ENERGY RESEARCH INSTITUTE

(Department of JPDR)

Progress of JPDR Decommissioning Program

Third Progress Report, April 1988 - September 1988

[JAP 90]   JAPAN ATOMIC ENERGY RESEARCH INSTITUTE

(Department of JPDR)

Progress of JPDR Decommissioning Program

Sixth Progress Report, October 1989 - March 1990

[JOA 87]   JONES, J.M., ADAMS, A.L.

The Windscale piles - past, present and future

Atom 374, Dezember 1987, S. 14-17

[JON 87]   JONES, J.M.; WAKEFIELD, J.R.

Review of Decontamination Techniques in Relation to Decommissioning

NRL Windscale, NRL-R-3007 (W), December 1987

[JON 88]   JONES, J.M.

The Windscale piles

Decommissioning of Major Radioactive Facilities IMechE 1988-8,
ISBN 0-85298-660-2

[JUN 90]   JUNKER, W.-H.

Die Stillegungs-, Einschluß- und Abbaugenehmigung für Kernkraftwerke nach § 7 Abs. 3 des Atomgesetzes

Studien zum internationalen Wirtschaftsrecht und Atomenergierecht, Band 82, Carl Heymanns Verlag KG, 1990, ISBN 3-452-21911-9

[KAN 63]   KANN, W.J., SHAFTMAN, D.H., SPINRAD, B.J.

Postincident Analysis of Some Aspects of the SL-1

Design Nuclear Safety Bd.4 (1963) Nr.3, S.39-48

[KBM 88]   KURNOSOV, V.A.; BAGRYAUSKII, V.M; MOISEEV, I.K

Entombment of Chernobyl Unit 4

Übersetzung aus: Atomnaya Energiya Vol. 64 No.4 April 1988, S. 248 - 254

In: 1988 Plenum Publishing Corporation Soviet Atomic Energy
ISSN 0038-531X

[KIS 91]   KISTINGER, S.; GRAF, R.; GÖRTZ, R.; GOLDAMMER, W.

Ermittlung der radiologischen Konsequenzen der schadlosen Verwertung von α-haltigem Metallschrott

Entwurf BS 8710-4, April 1991

[KIT 82]   KITTINGER, W.D.; UREDA, B.F.; CONNER, C.C.
Lessons Learned in Decommissioning the Sodium Reactor Experiment
Proceedings of the International Decommissioning Symposium, Seattle 1982

[KLO 84]   KLOJ, G.; TITTEL, G.
Thermische und mechanische Trennverfahren für Beton und Stahl
Kommission der Europäischen Gemeinschaften, EUR 8633, Brüssel, Luxemburg 1984
ISBN 92-825-3894-X

[KON 85]   KONNO, T.
Demolition Technique for Biological Shield Concrete
JAERI-Workshop on Reactor Decommissioning, Tokio, 1985

[KUC 90]   KUCERKA, M.; LEICMAN, J.
Getting on with dismantling at Czechoslovakia's Bohunice
Nuclear Engineering International, September 1990, S. 28 ff.

[KWL 82]   KERNKRAFTWERK LINGEN
Technischer Bericht
Juli bis Dezember 1982

[LAS 86]   LASER, M.; ZANGE, E.
Verwertung und Entsorgung
Forschungsanlage Jülich, Auszug aus der Gesamtdarstellung der Technischen Dienste; Dekontamination Stand 1985/1986

[LAW 84]   LAWTON, H.
Decommissioning WAGR
Decommissioning of Radioactive Facilities, Seminar of the Nuclear Energy Committee of the Power Division of the Institution of Mechanical Engineers
ISBN 085298-555, 7. November 1984

[LAZ 88]	LAZO, E.N.

The TMI-2 Reactor Building Gross Decontamination Experiment: Effects on Loose-Surface Contamination Levels

American Nuclear Society 1988 Winter Meeting, Washington DC, 30.10.-4.11.1988

ISSN 0003-018 X

[LEP 90]	LEAUTIER, R.; PILOT, G.

Development of a Prototype System for Remote Underwater Plasma Arc Cutting

Decommissioning of Nuclear Installations,

ISBN 1-85166-523-4; EUR 12690, Brüssel, Luxemburg 1990

[LET 82]	LETTNIN, H.K.J.; VIECENZ, H.J.

Decommissioning of the NS Otto Hahn

International Decommissioning Symposium, Seattle, 1982

[LEW 86]	LEWIS, L.; OSTROW, S.L.

Intact Decommissioning : A Dose Assessment

Proceedings of the International Nuclear Reactor Planning Conference, NUREG ICP-0068, February 1986

[LÖR 83]	LÖRCHER, G.; PIEL, W.

Dekontamination von Komponenten stillgelegter Kernkraftwerke für die freie Beseitigung

EUR 8704, 1983

[LÖS 84]	LÖSCHHORN, U.; RIDTAHLER, AL.

Niederaichbach Nuclear Power Station (KKN) - Safe Enclosure and Total Dismantling

Proceedings of a NEA-Workshop, Storage with Surveillance Versus Immediate Decommissioning for Nuclear Reactors, Paris 1984

[LÖS 88]　　LÖSCHHORN, U.; ZIMMERMANN, W.

　　　　　　Entsorgungskonzept Niederaichbach

　　　　　　Seminar "Verwertung von Reststoffen aus Reparatur- und Stillegungsmaßnahmen bei kerntechnischen Anlagen"

　　　　　　Jülich, November 1987, Jül-Conf-62, Juli 1988

　　　　　　ISSN 0343-7639

[LOG 79]　　LOGIE, J.W.

　　　　　　Three Vessel Replacements at Chalk River

　　　　　　Proceedings of the American Nuclear Society Topical Meeting in Sun Valley, Idaho (USA), September 1979, S. 531ff.

　　　　　　Plenum Press, New York 1980, ISBN 0-306-40429-X

[MAN 80]　　MANION, W.J.; LA GUARDIA, T.S.

　　　　　　Decommissioning Handbook

　　　　　　Nuclear Energy Services, Inc; November 1980, Danburry, USA, DOE/EV/10128-1

[MER 88]　　MERCHANT, D.

　　　　　　Worker Exposure During the TMI-2 Recovery

　　　　　　American Nuclear Society 1988 Winter Meeting, Washington DC, 30.10.-4.11.1988

　　　　　　ISSN 0003-018 X

[MIG 90]　　MIGLIORATI, B.; TARRONI, G. et al

　　　　　　Investigation of Laser Cutting Applications in Decommissioning

　　　　　　Decommissioning of Nuclear Facilities, Brüssel, Luxemburg 1990

　　　　　　ISBN 1-85166-523-4, EUR 12690

[MIL 75]　　MILLER J.P.

　　　　　　Incident at the Lucens Reactor

　　　　　　Nuclear Safety, Vol. 16, No. 1, Jan.-Febr. 1975

[MIL 80]   MILLER, A.D.

Radiation Source Terms and Shieldings at TMI-2

Trans. Am. Nuclear Society 34,633, 1980

[MOS 90]   MOSEY, D.

Reactor Accidents

Nuclear Engineering International Special Publications, 1990,
ISBN 0-408-06198-7

[MÜL 85]   MÜLLER, W.

Überblick über die berufliche Strahlenexposition in Kernkraftwerken und in Anlagen des Brennstoffkreislaufs

in: "Zur beruflichen Strahlenexposition in der Bundesrepublik Deutschland", Klausurtagung der Strahlenschutzkommission, 6.-8. November 1985

ISBN 3-437-11187-6

[MUR 82]   MURPHY, E.S.; HOLTER, G.M.

Technology, Safety and Costs of Decommissioning Reference Light Water Reactors Following Postulated Accdidents

NUREG/CR-2601, Pacific Northwest Laboratory for U.S. Nuclear Regulatory Commission, November 1982

[NEA 80]   NUCLEAR ENERGY AGENCY

Decommissioning Requirements in the Design of Nuclear Facilities

Proceedings of the NEA Specialist Meeting, Paris, März 1980

[NEA 81a]   NUCLEAR ENERGY AGENCY

Cutting Techniques as Related to Decommissioning of Nuclear Facilities

Febr. 1981

[NEA 81b]   NUCLEAR ENERGY AGENCY

Decontamination Methods as Related to Decommissioning of Nuclear Facilities

März 1981

[NEG 90]   NEGIN, C.A.; HOLTON, W.C.

TMI-2 Management and Technology Insights for Decommissioning

2nd Internat. Seminar on Decommissioning of Nuclear Facilities, London 19. - 20. März 1990, IBC Technical Services Limited

[NEU 87]   NEUPERT, D. et al

Abbau von Großkomponenten und ihre schadlose Verwertung

Seminar: Verwertung von Reststoffen aus Reparatur- und Stillegungsmaßnahmen bei kerntechnischen Einrichtungen

FA Jülich, November 1987

Jül-Conf-62, ISSN 0343-7639

[NEW 82]   NEWTON, G.; HOOVER, H.; BARR, E.; WONG, B.; RITTER, P.

Aerosols from Metall Cutting Techniques Typical of Decommissioning Nuclear Facilities - Experimental System for Collection and Characterisation

International Decommissioning Symposium, Seattle, October 1982

[OAK 80]   OAK, H.D. et al

Technology, Safety and Costs of Decommissioning a Reference Boiling Water Reactor Power Station

Battelle Pacific Northwest, NUREG/CR-0672, 1980

[ODO 78]   O'DONNELL, F.R. et al

Potential Radiation Dose to Man from Recycle of Metals Reclaimed from a Decommissioning Nuclear Power Plant

NUREG/CR-0134, 1978

[OSA 82]   OSANAI, M.

Japan Power Demonstration Reactor Decommissioning Program

Int. Decommissioning Symposium, Seattle, Okt. 1982

[OST 80] OSTERHOUT, M.M.

Decontamination and Decommissioning of Nuclear Facilities

Proc. of the American Nuclear Society Topical Meeting, Sun Valley, Idaho, Sept. 1979

[PET 83] PETERSON, H.K.

Three Mile Island Unit 2 Nuclear Power Plant Four Years Later

17. Jahrestagung des Fachverbandes für Strahlenschutz e.V., Aachen, 8-10. Juni 1983

[PLN 89] PILOT, G.; LEAUTIER, R.; NOEL, M. et al

Measurements of Secondary Emissions from Plasma Arc and Laser Cutting in Standard Experiments

Decommissioning of Nuclear Installations, Brüssel, Luxemburg 1990

ISBN 1-85166-523-4; EUR 12690

[RIN 85] RINGELHAN, H.; KNAPP, K.

Laser erobern die Fertigung

VDI-Nachrichten, 1985

[SCH 65] SCHULZ, E.H.

Vorkommnisse und Strahlenunfälle in kerntechnischen Anlagen

Verlag Karl Thiemig KG, München 1966, S.87-99

[SCH 83] SCHENKER, E.; HANULIK, J.; GÖRLICH, W.

Fernbediente und zerstörungsfreie Probennahme zur Bestimmung der Kontamination in Reaktorkreisläufen

17. Jahrestagung des Fachverbandes für Strahlenschutz, Aachen, Juni 1983

[SCH 85] SCHREIBER, J.

Shippingport Station Decommissioning Project

JAERI Workshop on Reactor Decommissioning, Tokio 1985

[SCH 87]   SCHUMANN, ST.; FREUND, H.U.; HARMIG, W.

Explosive Pipe Cutting by Shaped Charges in an Annular Configuration

Proceedings International Decommissioning Symposium, Pittsburgh, USA, 4. - 8. October 1987, CONF-871018

[SCH 90]   SCHREIBER, J.

Completion of Shippingport Reactor Decommissioning

Decommissioning of Nuclear Installations, 1990 Brüssel und Luxemburg, Elsevier Science Publishers LTD

ISBN 1-85166-523-4, EUR 12690

[SEA 83]   SICHERHEITSKRITERIEN FÜR DIE ENDLAGERUNG RADIOAKTIVER ABFÄLLE IN EINEM BERGWERK

Bundesanzeiger 35, 1983 Nr. 2, S. 45/46

[SFK 77]   SICHERHEITSKRITERIEN FÜR KERNKRAFTWERKE

verabschiedet vom Länderausschuß für Atomkernenergie vom 21.10.1977 (BAnz. Nr. 206 vom 3.11.1977)

[SMI 78]   SMITH, R.I. et al

Technology, Safety and Costs of Decommissioning a Reference Pressurized Water Reactor Power Station

Battelle Pacific Northwest, NUREG/CR-0130, Vol. 2, 1978

[SPR 78]   RICHTLINIE FÜR DEN STRAHLENSCHUTZ DES PERSONALS BEI DER DURCHFÜHRUNG VON INSTANDHALTUNGSARBEITEN IN KERN-KRAFTWERKEN MIT LEICHTWASSERREAKTOREN "DIE WÄHREND DER PLANUNG DER ANLAGE ZU TREFFENDE VORSORGE"

vom 10.07.1978 (GMBl. S. 418)

[SSK 91]   DIE STRAHLENSCHUTZKOMMISSION

Strahlenschutzgrundsätze bei der Freigabe von Metallschrott aus der Stillegung von Anlagen des Uranerzbergbaus

Empfehlung verabschiedet am 28. Juni 1991

[SSV 89]   VERORDNUNG ÜBER DEN SCHUTZ VOR SCHÄDEN DURCH IONISIERENDE STRAHLEN (STRAHLENSCHUTZVERORDNUNG - StrlSchV)

Bekanntmachung der Neufassung vom 30. Juni 1989 Bundesgesetzblatt, Jahrgang 1989, Teil I, Nr. 34, S. 1321

[STA 87]   STANG, W.

Stillegung und Planung des Abbruchs des SWR-Blocks Gundremmingen A

Kursreferat des SVA-Vertiefungskurses "Optimierung des Strahlenschutzes von der Auslegung bis zur Stillegung von Nuklearanlagen", 28. - 29. April 1987 SVA, Postfach 2613, CH - 3001 Bern

[STA 90a]   STANG, W.; FISCHER, A.; POTT, P.

Electrochemical Technique for Segmenting of Activated Steel Components

Decommissioning of Nuclear Installations, Brüssel, Luxemburg 1990

EUR 12690, ISBN 1-85166-523-4

[STA 90b]   STANG, W.; FISCHER, A.; RUBISCHUNG, P.

Large-Scale Application of Segmenting and Decontamination Techniques

Decommissioning of Nuclear Installations, Brüssel, Luxemburg 1990

ISBN 1-85166-523-4, EUR 12690

[STE 86]   STEGMAIER, W.; LINS, W.

Hauptabteilung Dekontaminationsbetriebe (HDB)

KfK-Broschüre, 1986

[STE 90]   STEINER, H.; STANG, W.; FISCHER, A.

Pilot Project Dismantling of the Boiling Water Reactor KRB-A

CEC/CEA Seminar Dismantling of Nuclear Installations, La Hagne, Oktober 1990

[TAC 85]   TACHIKAWA, E.

Decontamination

JAERI-Workshop on Reactor Decommissioning, Tokio, 1985

[THO 88] THOMAS, P.J.; BOORMANN, T.; GREGORY, A.R.

Decommissioning the Windscale Advanced Gas-Cooled-Reactor - a Demonstration Project for UK-Reactors

Proceedings of the Institution of Mechanical Engineers International Conference: Decommissioning of Major Radioactive Facilities, August 1988

ISBN 0-85298-660-2

[THO 90] THOME, J.P.

In Situ Arc-Saw Cutting of Heat Exchanger Tubes and of Pipes from the Inside

Decommissioning of Nuclear Installations,

Brüssel, Luxemburg 1990,

ISSN 1-85166-523-4, EUR 12690

[TOR 90] TORSTENFELT, B.; ELKERT, J.

Management and Characteristics of Radioactive Wastes from Core Damages in a BWR Plant: Studies of some Hypothetical Cases

2. internat. Seminar "Radioactive Waste Products"

BfS Schriften 1/90, Bundesamt für Strahlenschutz, Juni 1990

[UPA 74] UNITED POWER ASSOCIATION, ELK RIVER, MINNESOTA

Final Elk River Program Report

Coo-651-93, 1974

[VER 85] VERORDNUNG ÜBER DIE INNERSTAATLICHE UND GRENZÜBERSCHREITENDE BEFÖRDERUNG GEFÄHRLICHER GÜTER AUF STRASSEN
VERORDNUNG ÜBER DIE INNERSTAATLICHE UND GRENZÜBERSCHREITENDE BEFÖRDERUNG GEFÄHRLICHER GÜTER MIT EISENBAHNEN

Bundesgesetzblatt 1985, S.1550

[VOL 90]   VOLLRADT, J.G.

The Role of Todays Decommissioning of Prototype Nuclear Power Reactors in the Federal Republic of Germany

Second International Seminar on Decommissioning of Nuclear Facilities, London, March 1990

[VOL 91]   VOLLRADT, J.; ESSMANN, J.; PAUL, R.; PETRASCH, P.

Vergleich der Stillegungskostenermittlung in den USA und in Deutschland

Atomwirtschaft, Mai 1991

[WAL 90]   WALDIE, B.; PILOT, G.; HARRIS, W.K.; LOYER, H.

Solid and Gaseous Secondary Emissions from Underwater Plasma Arc Cutting

Decommissioning of Nuclear Installations,

Brüssel, Luxemburg 1990, EUR 12690

ISSN 1-85166523-4

[WAT 82]   WATZEL, G.V.P. et al

Stillegung von Kernkraftwerken in der Bundesrepublik Deutschland nach Ende ihrer Einsatzdauer

Fortschrittsberichte VDI-Z, Reihe 15, Nr. 18, 1982 VDI-Verlag, Düsseldorf 1987

[WAT 87]   WATZEL, G.; VOLLRADT, J.; ESSMANN, J.; MITTLER, M.; GABOR, L.; PETRASCH, P.

Technik und Kosten bei der Stillegung von Kernkraftwerken nach Ende ihrer Einsatzdauer

Fortschrittsberichte VDI, Reihe 15, Nr. 52, VDI-Verlag, Düsseldorf, 1987

[WAT 90]   WATZEL, G.V.P.; PETRASCH, P.

Heutiger Stand bei der Stillegung und Beseitigung von Kernkraftwerken in der Bundesrepublik Deutschland

Tagungsbericht 11. Hochschultage Energie, Essen, Oktober 1990

[WEI 84]   WEIL, L.

Analyse des Störfallrisikos eines Endlagers für radioaktive Abfälle aus der Stillegung von Kernkraftwerken

Jül-1950, September 1984

[WHE 70]   WHEELOCK, C.W.

Retirement of the Piqua Nuclear Power Facility

AI-AEC-12832, Atomics International, Canogy Park, CA, April 1970

[WIN 88]   WINGENTER, H.J. et al

Beseitigung von Kernreaktoren durch Absenken in den Untergrund

Nukem GmbH (Hanau); A. Kunz GmbH (München), Januar 1988

[WIR 88]   MÜLLER, M.K.; KUCHEIDA, D.; REGAUER, F.; WIRTH, E.

Ableitung von Aktivitätsgrenzwerten für schwach radioaktiv kontaminierte Abfälle

Schriftenreihe Reaktorsicherheit und Strahlenschutz BMU-1988-194, ISSN 0724-3316

Praxiswissen aktuell

Hrsg.: Technische Akademie Wuppertal

Deutsche Risikostudie Kernkraftwerke Phase B

Eine Untersuchung im Auftrag des Bundesministers für Forschung und Technologie.

Hrsg.: Bundesminister für Forschung und Technologie. 1990. 840 Seiten, 16 × 24 cm, kart., DM 98,–
ISBN: 3-88585-809-6

Wie sicher sind Kernkraftwerke? Die Frage bewegt immer wieder die Öffentlichkeit. Insbesondere nach der Reaktorkatastrophe von Tschernobyl wurde sie intensiv diskutiert. Läßt sie sich objektiv beantworten? Eine wissenschaftlich begründete Antwort kann die probabilistische Sicherheitsanalyse geben, wie hier die Risikostudie für die Referenzanlage Biblis-B. Sie untersucht das vorhandene Sicherheitskonzept, dessen oberstes Ziel es ist, den sicheren Einschluß der radioaktiven Stoffe in der Anlage zu gewährleisten. Basis dafür ist die sicherheitstechnische Auslegung der Anlage, welche vorausschauend Störungen und Störfälle erfaßt und die hieraus erforderlichen Sicherheitsmaßnahmen ableitet. Diese Maßnahmen stützen sich auf einander umhüllende materielle Barrieren, die das unkontrollierte Freiwerden radioaktiver Stoffe verhindern sollen. Die Barrieren werden durch ein mehrstufiges Sicherheitssystem vor Beschädigung geschützt. Dieses Konzept hat sich bewährt.

Gleichwohl bleibt die Verbesserung der Sicherheit durch die Weiterentwicklung in Wissenschaft und Technik eine ständige Aufgabe. Die probabilistische Sicherheitsanalyse hat dabei zunehmend an Bedeutung gewonnen. Sie ergänzt die deterministische Sicherheitsbeurteilung, indem sie untersucht, wie trotz der umfangreichen Sicherheitsmaßnahmen Barrieren beschädigt und radioaktive Stoffe freiwerden konnten. Ziel ist dabei, relative Schwachstellen in der Anlage herauszufinden und Möglichkeiten für sicherheitstechnische Verbesserungen aufzuzeigen.

Das Buch dokumentiert die Ergebnisse der probabilistischen Sicherheitsanalyse der Referenzanlage Biblis-B, die die Gesellschaft für Reaktorsicherheit (GRS) im Auftrag des Bundesministers für Forschung und Technologie federführend durchgeführt hat.

Verlag TÜV Rheinland
Viktoriastraße 26 · 5000 Köln 90
Tel. (0 22 03) 17 09-02 · Fax (0 22 03) 1 54 11